城市公园
公平绩效评价

杨丽娟　杨培峰◎著

中国建筑工业出版社

图书在版编目（CIP）数据

城市公园公平绩效评价 / 杨丽娟，杨培峰著 . —北
京：中国建筑工业出版社，2022.8
ISBN 978-7-112-27684-4

Ⅰ. ①城…　Ⅱ. ①杨…②杨…　Ⅲ. ①城市公园—空
间规划—研究　Ⅳ. ① TU986.2

中国版本图书馆 CIP 数据核字（2022）第 138701 号

数字资源阅读方法：
　　本书提供所有图片的彩色版，读者可使用手机 / 平板电脑扫描右侧二维码后免费阅读。操作
说明：扫描授权进入"书刊详情"页面，在"应用资源"下点击任一图号（如图 1-4），进入"课
件详情"页面，内有可阅读图片的图号。点击相应图号后，再点击右上角红色"立即阅读"即可
阅读相应图片彩色版。

　　若有问题，请联系客服电话：4008-188-688。

责任编辑：李成成
责任校对：张　颖

城市公园公平绩效评价

杨丽娟　杨培峰　著
＊
中国建筑工业出版社出版、发行（北京海淀三里河路 9 号）
各地新华书店、建筑书店经销
北京雅盈中佳图文设计公司制版
北京云浩印刷有限责任公司印刷
＊
开本：787 毫米 ×1092 毫米　1/16　印张：11$\frac{3}{4}$　字数：229 千字
2022 年 8 月第一版　2022 年 8 月第一次印刷
定价：**59.00** 元（赠数字资源）
ISBN 978-7-112-27684-4
（39647）

前　言

　　城市公园的可获得性与人群健康、社会福利息息相关，确保居民对这一资源的公平享用是城市规划的重要内容。当前公园规划建设存在诸多非正义现象，传统公园规划评价偏重工具理性与技术评价、忽视价值评价。公园的公平绩效评价，有助于公园布局优化、政府决策转型及社会供需矛盾缓解，具有一定理论和实践意义。

　　本书以问题为导向，按照"基础研究—理论导入—方法构建—方法应用与检验—优化路径"的逻辑组织全文。对基础研究梳理，发现国内公园公平绩效评价存在缺乏行之有效的评价方法、对空间的社会属性考虑不足、忽视差异性正义的评价、人的需求识别缺失等问题。基于上述背景，本书借鉴空间正义思想明晰了公园公平绩效评价的理论框架、价值体系、评价要点，构建了公园公平绩效评价方法，旨在弥补当前公园规划实践在落实公平正义、满足人群需求方面的不足，提供规划体系和实施体系之间公正理性的"反馈—调整—再反馈—再调整……"的互动关系。

　　本书的主体内容主要包括以下三个方面：①城市公园公平绩效评价方法构建。基于国内外研究梳理、社会问题认知、资料可获得性评判、空间正义理论借鉴，明晰了公园公平绩效评价的价值标准、评价原则、评价要点，构建了适用于国内公园公平绩效评价的指标与评价方法；②公园公平绩效评价方法实证检验。采用构建的三种评价方法对重庆市中心城区公园的公平绩效进行评价，实证检验结果表明三种方法均能有效反映不同尺度、不同角度的公园公平问题。③针对评价结果提出优化策略。认为重庆市中心城区公园布局应从"基于公平差异识别的靶向修正""基于需求与功能导向的公园规划指引""将社区作为规划与修正单元"等六个方面进行修正与优化。城市公园公平绩效评价属于规划的外在效度评价，因牵涉到价值结构和伦理问题，相较于生态绩效、经济绩效等内在效度评价而言更复杂、更具挑战性。本书抛砖引玉，希望对未来以"公平公正"为主题的规划价值评价研究与实践有所借鉴。

　　本书得以完成，衷心感谢重庆大学谭少华教授、胡纹教授、西南大学王海洋教授、肖洪未博士的帮助，感谢国家自然科学基金项目（批准号：52108043，51878084）、重庆市教育委员会人文社会科学研究项目（21SKGH092）的资助，感谢"重庆交通大学—重庆尚源建筑景观设计有限公司风景园林研究生联合培养基地建设项目（JDLHPYJD2020037）"的资助。

　　本书封面图片为重庆渝北铜锣山矿山公园，由重庆道合园林景观规划设计有限公司进行景观设计并提供照片，感谢支持！

目　录

第 1 章

绪　论

1.1　选题背景

1.1.1　社会背景：快速城镇化进程中利益冲突和社会矛盾凸显

在过去的几十年中，中国的城镇化处于高速发展阶段，用几十年的时间走完了西方百余年的发展历程。城镇化是推动社会经济发展的动力，同时也是一种富有剥蚀力量的进程。改革开放以来，我国由计划经济转向社会主义市场经济体制，土地使用制度、住房分配制度、户籍管理制度等相关制度进行了重大变革，城市社会空间结构也随之发生了转型和重组，原来以平均主义为特征的社会体系表现出不同程度的空间与社会分异[1]。在资本与权力、经济增长主导的发展模式下，土地和空间效益成为城市发展的单一目标，由此激发了一系列资源环境、空间配置、社会融合的矛盾，主要表现在以下几个方面：

1. 城市乡村的不平衡发展

城市扩张对乡村的"空间剥夺"，使得乡村和城市在空间分布与资源享有上产生巨大差异，失去空间生活权利的失地农民成为"六失"人群，即失地、失业、失居、失保、失学、失身份，这些人群在城市中遭遇社会排斥，成为关系到社会稳定和谐的重大隐患。

2. 城市空间的隔离与分异

城市空间的重构以资本、权力为逻辑，优质空间被资本控制，用于产生空间价值。中低收入及弱势群体在优质空间的占有、控制中处于劣势，生存空间被强势的资本力量不断挤压和重塑。"穷人搬出去，富人搬进来"，

日益分化的"富人区"与"穷人区"呈现出明显的空间区分，社会空间分异已成为城市中明显的感知体验与映像。

3. 城市公共空间价值失范

随着全球化资本运作对消费驱动的加深，城市公共空间不断受到权力与资本的切割，其社会价值也受到市场交易机制的蚕食，转化为服务于商品消费的附庸，用来服务、诱导消费。公共空间的公共性不断让位于空间的经济价值，导致公共性的消解与失落。公共空间公共性与社会价值的模糊导致社会凝聚力下降，公民责任与权利、社会互助等意识削弱。

4. 城市公共资源供给失衡

（1）公共资源供给的空间失衡。不同层次、质量的教育、医疗、公共空间等公共资源赋予了同一城市不同地段发展潜力的差异性，由此生成了机会公平的差异。这种差异在空间上集聚到一定规模会引发社会分层和居住隔离。

（2）城市公共资源供给与人民美好生活需求的失衡。长期以来，粗放型的城市发展模式下，城市公共服务以政府的单一供给为主要形式，对"人"的需求关注不够，导致公共服务供给与人群需求之间不相匹配。

综上，过去以经济增长为主要诉求的发展模式使得中国城市中的社会矛盾、阶层分化等问题不断凸显，成为影响社会和谐与可持续发展的重大隐患；亟须以"公平正义"的价值矫正城镇化走向，修复在经济优先、效率优先模式下积累的社会矛盾与社会危机。

1.1.2 政策背景：公平正义是全球城市发展的战略导向

正如罗尔斯（John Bordley Rawls）所说，"正义是社会制度的首要价值"[2]，建立完善的社会公平体系是考验全球政府的重要课题。2016年联合国第三次住房和城市可持续发展大会正式审议通过了《新城市议程》。议程为未来城市发展提供了方向与指引：所有人无论身处现在或未来、无论背景如何都具有平等地使用和享受城市的权利，"以人为中心"是城市最核心的价值所在，提倡机会均等、参与共享，分配公正；强调城市环境与社会系统的共同进步。

2015年4月，纽约发布最新的城市发展规划，主题为"一个纽约——建设富强而公正的城市"（One New York：The Plan for a Strong and Just City），该规划提出了四个城市愿景：繁荣兴旺的城市、公正公平的城市、可持续发展的城市、韧性的城市，并明晰了每个愿景 "目标—策略—指标"的实施路径。规划高度体现了对公平正义的关注，强调就业、公共绿地、教育、社区资源等方面公平供给的重要性。

其他发达国家城市，如伦敦、东京在城市战略规划层面也体现出对公平公正的重视。伦敦强调所有人生活机会的平等，指出未来发展将基于人群多样性需求提供更全面的社会基础设施；东京的城市发展提出进一步提升居民的福利福祉，分别针对婴幼儿、老年人、有医疗卫生需求的市民、残疾人配置设施和服务[3]。由此可见，现阶段发达国家城市建设的关注重点不再仅仅局限于城市物质环境的改善，而是将社会公平和居民福祉也作为重点推进内容。

在国内，中国正在进入以社会建设和社会改革为主的新阶段，关注社会权益的公平公正，将城乡居民的福利和幸福作为城镇化的根本发展目的，是应对当前社会利益格局调整的重大战略。党的十九大报告指出，"我国社会主要矛盾已经转化为人民日益增长的美好生活需要和不平衡不充分的发展之间的矛盾"，"人民对美好生活的向往，就是我们的奋斗目标"，"保证全体人民在共建共享发展中有更多获得感"[4]。党的十九大报告体现了以人民为中心的发展思想，指出人民的美好生活不仅需要物质文化生活的提高，更需要权利、尊严、需求、公平、正义、幸福感。

1.1.3 学科背景：公平公正是城市规划的职能要求与价值标准

1. 空间资源公平公正与社会公平息息相关

空间资源占有的不平等是社会不平等的重要根源[5]。空间资源分配是社会分配最为关键的内容，空间资源的稀缺性决定了它与公平问题的紧密关系。回顾我国过去快速的城镇化进程，"以经济建设为中心"资本导向挟持以及制度正义缺失的背景下，空间资源成为资本逐利、公民空间权益、政府制度设计三方博弈的主战场以及各利益群体激烈争夺的焦点领域[6]；城市中的社会矛盾、社会冲突、利益纠纷等问题逐渐凸显，虽然各种矛盾的表现形式和复杂程度各不相同，但本质问题都与空间资源的公正公平息息相关。

2. 城市规划的核心价值是公平公正

城乡规划的主要职能之一是对空间资源的再分配，城市空间资源分配是否合理公正涉及空间正义与社会公平 [7]。2005 年底颁布的新版《城市规划编制办法》(中华人民共和国建设部令第 146 号) 第三条、第五条分别指出 "城市规划是政府调控城市空间资源、维护社会公平、保障公众利益的重要公共政策之一"，"编制城市规划，应当考虑人民群众需要，充分关注中低收入人群，扶助弱势群体"，说明城市规划的根本目的是为全体居民的利益服务，社会公平、空间正义是城乡规划部门的核心价值。

3. 城市规划的范式转型：从促进增长到促进社会发展

20 世纪后期，人本化、可持续发展等思潮的涌现，促使城市规划彻底从单纯物质环境、视觉美学、"理性的经济人" 等理想主义框架中走出来，超越单纯的工程技术领域，融合技术、目标、价值判断等因素，从物质空间设计走向社会问题研究，从技术活动转向社会利益、社会矛盾协调等带有价值观和

价值评判的政策活动。

我国城市规划学科的发展历程大致可以总结为面向政治统治、面向经济发展和面向社会发展三个阶段 [8]（表 1-1）。过去我国城市规划主要是服务经济增长诉求的发展模式，规划的技术理性与工具理性得到了充分彰显，而社会融合、居民需求等领域的利益协调、利益调控方面的职能却未得到有效发挥。随着学科职能定位、本质价值的逐渐明晰，城市规划的公共属性与社会属性凸显，其职能由原先的物质规划转向公共服务，更大程度地发挥维护公平公正、调控空间资源、协调各方利益的公共政策职能。

1.1.4 现实背景：城市公园公平绩效评价研究的必要性与紧迫性

1. 城市公园公平绩效评价的必要性

1) "评价" 是 "规划" 的内生活动和内在要求

2008 年、2009 年我国分别在《中华人民共和国城乡规划法》《城市总体规划实施办

中国城乡规划演进的脉络 [8]　　　　　　　　　表 1-1

	面向政治统治的城乡规划	面向经济发展的城乡规划	面向社会发展的城乡规划
历史时段	古代	近现代	当代和未来
规划理论	儒家礼制、天人合一、风水理论等	市场经济、计划经济理论、经济区位论、功能分区理论等	以人为本、公平正义理论
规划重点	以服务政治统治为目标	以服务经济增长为主要目标	以促进社会发展、提高全体人民生活质量、维护社会公平为目标
规划制定主体	政府主导	政府主导、技术精英领衔	政府引导、专家领衔、社会参与
规划服务核心	统治阶级	企业、强势群体	社会大众，尤其关注弱势群体的发展
规划决策	统治阶级	各级政府	政府、社会、民众协商式决策

法》中对规划评估工作的重要性和评估期限做了相关规定。规划评价是检测规划实践、监督既定规划的有效手段。评价形成的信息反馈能够为后续规划提出针对性、有效性的修正、调整建议，从而促使城市规划按照"反馈—调整—再反馈—再调整……"的逻辑良性循环。

西方学者在对已有规划评价的综述和规划理论回溯后总结，认为"规划"与"评价"是不可分割的两个概念，规划过程与评价过程自始至终紧密结合，应形成贯穿全过程的评价体系[9]。

2）规划的价值评价体系建设不容忽视

规划应有明确的价值取向。正如国内许多学者所指出的，"规划的本质是公共政策……是对社会所做的权威性价值分配"[10]，"工具理性应当是从属于价值理性的"[11]。在西方，以哈维（D. Harvey）为代表的激进的政治经济学学派非常强调价值判断层面的规划评价，认为公正和理性应当始终是规划实施、规划评价的首要标准[12]。

国内的规划评价往往注重技术评价与工具理性，对规划的价值理性重视不足，价值评价方面的实践与研究也比较缺乏，规划的根本价值观被有意无意地模糊了。在反思应该如何改进规划体制时，首要解决的是价值观以及基本准则问题，思考如何形成有效的空间规划价值评价方法和体系，城市规划的价值评价体系建设不容忽视。

3）城市公园的公平绩效评价体系有待建立

城市公园在提升环境质量[13]、促进人群身心健康[14]、促进社会交往[15]等方面的作用已得到充分证实，是影响居民生活质量的重要因素。城市公园具有公共物品的属性，其可获得性在一定程度上反映了公共资源分配的公平与公正。鉴于城市公园的可获得性与人群健康、社会福利的关系，城市公园公平绩效研究成为发达国家近20年来的研究热点问题之一[16]。

中国诸多城市面临人口众多、公园资源有限的挑战。2018年，我国城市人均公园绿地面积仅为13.7m²[17]，远低于联合国提出的60m²的最佳人居环境标准。改革开放以来，土地和房地产市场化改革使城市公园等优质公共空间资源占有和使用不平等，居民的社会经济地位、收入、阶层、职业等因素将直接影响他们对景观资源的可获得性。面对较少的公园资源与较高的生态人文需求之间的现实矛盾，城市公园的供给是否使不同社会群体均受惠其中，是否也有国外研究指出的供给不公平现象，如何对城市公园的供给公平性进行客观、系统评价，如何通过空间规划方法引导城市公园的公平供给，关于这方面的研究与解答还有待完善。

近年来，国内关于社会公平现象与机制的研究主要集中在以下几个方面：①不同社会群体收入及个人社会经济成就的差异；②不同群体就业机会与住房条件的差异；③不同区域基本公共服务设施的供给差异。在基本公共服务设施的公平性研究上，主要涉及公共交通、医院、教育设施等，对城市绿地、公园的公平性探讨还比较缺乏，已有的公园公平绩效评价的研究大部分是西方国家的，中国特有的国情及发展背景，决定了其不能直接对西方国家进行照搬。针对中国快速城镇化、人口众多、高密度、绿地资源有限、社会空间分层加剧的挑战，从空间与社会综合视角审视国内公园公平性并进行引导修正具有重要意义。

2. 城市公园公平绩效评价的紧迫性

1）需要探索"以人民为中心"理念下新时期的公平正义标准

正义标准并非绝对的，会因时代、地域和社会形势而异[18]。不同时期公平的衡量标准不同，与特定的社会发展阶段和人民意愿相适应，是人民在道义上追求合理空间生产与分配的标准和理念。因此，不同时代公平正义导向的空间规划评价方法、视角、重点也会各有侧重。

2）"公园城市"倡导的"普惠公平"为我国城市公园规划提供了价值导向

2018年，习近平总书记在成都天府新区视察时提出"公园城市"的概念，充分体现了中央对城市生态文明建设、美好生活、幸福家园建设的高度重视，也为新时代背景下我国城市建设和公园发展提供了目标导向。

"公园城市"理念具有以下两个特点：①体现公园与城市融合的思想，将公园作为促进城市与自然和谐发展的重要载体；②其核心价值在于"公"，认为"良好的生态环境是最公平的公共产品，是最普惠的民生福祉"。"公园城市"理念的主旨在于将公园这项城市基本公共服务，作为提升人民公共福祉、推进规划体系革新的抓手，促进城市与自然的协调发展。

"公园城市"理念是对我国基本社会矛盾的有效呼应，也是落实"以人民为中心"思想的着力点。此概念一经提出，国内多个城市开始进行实践尝试，如成都组织了国内外机构、专家致力于以"公园城市理论与规划方法"为主题的8个专题研究，用"公园城市"理念审视成都发展与规划建设[19]。武汉结合"公园城市"理念，探索了在"保护生态"和"以人为本"的双重前提下，城市滨水空间规划的技术思路与策略路径[20]。

3）亟待构建具有普适性的评价方法

公平导向的城市公园研究与实践是近年来西方国家的热点问题之一，重点关注不同种族（族裔）公园享有的公平性，其价值在于通过公园的公平共享解决种族隔离、社会阶层分化、公众健康等社会问题。中国与西方的政治背景、国情具有极大差异，国内社会空间分异局势呈现日趋严峻态势，通过空间规划手段促进社会发展、通过公园等公共空间的公平正义价值范式重塑社会核心价值观，对我国具有同等重要的意义。

公平关注的焦点主要是利益的分配以及对这种分配的评价[21]。"公园城市"所倡导的"普惠公平"为我国公园规划提供了价值导向，然而，公园规划实践应该如何回应，如何进行公平绩效评价，这一问题对于目标能否实现具有重要的现实性与决定性。虽然国内关于公园绩效评价的研究论述已经十分丰富，但大多是从生态绩效角度进行探讨分析；已有的公平性绩效评价研究大多是针对个案的布局优化或某一种方法的介绍，其理论研究和方法体系探讨还较少。

总体而言，城市公园公平绩效评价体系尚未形成，既缺乏系统的评价理论，又缺乏完善的操作方法。在社会公平公正的发展诉求下，我国城市公园建设亟须建立一套行之有效的公平绩效评价方法。

1.2 相关概念界定

1.2.1 城市公园

1. 概念

有关城市公园，虽然目前学术界各国学者从不同角度对公园的认知进行了阐述，但对其概念还没有形成统一界定。

19世纪20年代，劳登（J. C. Loudon）认为公园是一种增进社会中最底层阶级的理性特征的工具[22]。1938年，瑞典景观建筑师布洛姆（Holger Blom）提出："公园是在现有自然的基础上重新创造的自然与文化的综合体"[23]。景观学家劳里（M. Laurie）在《19世纪自然与城市规划》一书中认为城市公园是"作为工业城市的一种自然回归"[24]。

在国内，公园的概念最早由中国造园学的倡导者和奠基人陈植先生于1928年提出。他将公园定义为"造园学"（Landscape Architecture）分科中"公共造园"（Community Landscape）之一，他概括了公园"关于卫生者""关于教化者""关于保安者"等方面的功能[25]。2003年，孟刚、李岚等人从功能角度对公园进行了定义，认为城市公园是有一定使用功能的自然化的游憩生活境域[26]。2016年，住建部批准《公园设计规范》由行业标准升级为国家标准，其中对"公园"的定义为：向公众开放，以游憩为主要功能，有较完善的设施，兼具生态、美化等作用的绿地。

根据上述国内外各学者对城市公园概念

的阐释，本书认为城市公园的内涵可以总结为：城市公园具有公共性特征，是以服务居民休闲游憩为主要目的，兼具改善生态环境、传承文化、科普教育、促进公共健康、防震减灾等多项综合功能的一种公共绿地形式。

2. 城市公园的分类

目前，国内外城市公园的分类体系较具代表性的主要有以下三种：

1）美国城市公园分类体系

美国城市公园主要参照美国国家游憩与公园协会（National Recreation and Park Association，NRPA）制定的《游憩地、公园及开放空间规划标准与导则》（Recreation, Park and Open Space Standards and Guidelines）进行分类。NRPA分类体系中将城市公园分为迷你公园（Mini-Park）或口袋公园（Pocket Park）、邻里公园（Neighborhood Park）、社区公园（Community Park）、区域公园（Regional Park）、专类公园（Special Use Park）、学校公园（School Park）、自然保护区（Natural Resource Area/Preserve）、绿色廊道（Greenway）或公园路（Parkway）和私有游憩场地（Private Park）[27]（表1-2）。其中，迷你公园、邻里公园、社区公园和区域公园是该分类系统中的核心类型，也是美国城市公园的构成主体与规划重点。

2）日本公园分类体系

日本的公园体系大致可以分为自然公园、城市公园两大类。其中的自然公园又按照等级划分国立公园、国定公园和都、道、府、县设立的自然公园三类。城市公园包括儿童公园、近邻公园、地区公园、综合公园、运动公园、广域公园、风景公园、植物园、动物园、历史名园等十种类型[28]（表1-3）。

美国城市公园分类体系[27]   表1-2

公园类型		基本描述
核心类型	迷你公园	面积 0.1~2.0hm², 服务半径 400m, 又称口袋公园, 步行可达, 无停车场
	邻里公园	面积 2.0~8.0hm², 服务半径 800m, 是最普遍的城市公园类型
	社区公园	面积 8.0~30.0hm², 服务半径取决于公园面积和设施, 为所有年龄段使用者提供不同强度的游憩活动空间和设施, 同时满足日间和夜间活动需求
	区域公园	面积 20.0~100.0hm², 驱车 1h 内到达, 城市公园系统中占地面积最大的公园类型, 拥有较大的自然区域及对应的游憩活动
其他类型	专类公园	满足特定使用需求, 一般伴随收费性质
	自然保护区	包括自然景观较好的区域、不适合开发但存在自然景观潜力的区域以及保护地
	绿色廊道	又称公园路, 连通整个城市公园系统和其他重要的城市空间, 根据场地条件可设置为线形公园（Linear Park）
	学校公园	与学校相邻, 可与学校共享一部分场地、设施
	私有游憩场地	私人化, 使用对象独立

日本公园分类体系   表1-3

公园类别		
大类	中类	小类
自然公园	国立公园: 能够代表日本地域景观的自然风景区, 国家管理	—
	国定公园: 次于国立公园的自然风景区, 由国家制定, 都道府县管理	—
	都、道、府、县设立的自然公园: 由都、道、府、县长官制定并自行管理	—
城市公园	居住区基干公园	儿童公园: 面积 0.25hm², 服务人口 1500~2500 人; 服务半径 250m
		邻近公园: 面积 2hm², 服务人口 6000~10000 人; 服务半径 500m
		地区公园: 面积 4hm², 服务人口 3 万 ~5 万人; 服务半径 1000m
	城市基干公园	综合公园: 面积 10hm², 要求分布均衡
		运动公园: 面积 15hm², 要求分布均衡
	广域公园: 具有休息、散步、观赏、游泳、运动等综合功能, 面积 50hm² 以上, 服务半径跨越一个市、镇、村区域	—
	特殊公园	风景公园
		植物园
		动物园
		历史名园

3）中国的城市公园分类体系

2017年，住建部在对《城市绿地分类标准》CJJ/T 85—2002进行修订的基础上，颁布了新版城市绿地分类标准——《城市绿地分类标准》CJJ/T 85—2017。

新版的修订内容主要有以下几点：①明晰了公园绿地"为居民提供户外游憩场所"的主要职能，指出这是公园绿地区别于其他绿地的关键点。②对公园绿地的分类进行了调整，将原标准中的五类（综合公园、专类公园、带状公园、社区公园、街旁绿地）调整为四类（综合公园、专类公园、社区公园、游园）。③对公园绿地中的小类进行了调整。具体分类情况如表1-4所示。

3. 城市公园的价值

城市公园是为城市居民提供游憩、健身、接触自然、社会交往的空间，产生社会效益、生态环境效益、经济效益等一系列益处（图1-1），对提高居民生活质量、公共健康、社会福利意义重大。

《城市绿地分类标准》CJJ/T 85—2017中的城市公园分类　　　　　　表1-4

类别代码			类别名称	内容与范围	备注
大类	中类	小类			
	公园绿地			向公众开放，以游憩为主要功能，兼具生态、景观、文教和应急避险等功能，有一定游憩和服务设施的绿地	
	G11		综合公园	内容丰富，适合开展各类户外互动，具有完善的游憩和配套管理服务设施的绿地	规模宜大于10hm²
	G12		社区公园	用地独立，具有基本的游憩和服务设施，主要为一定社区范围内居民就近开展日常休闲活动服务的绿地	规模宜大于1hm²
G1	G13		专类公园	具有特定内容或形式，有相应的游憩和服务设施的绿地	—
		G131	动物园	在人工饲养条件下，移地保护野生动物，进行动物饲养、繁殖等科学研究，并供科普、观赏、游憩等活动，具有良好设施和解说标识系统的绿地	—
		G132	植物园	进行植物科学研究、引种驯化、植物保护，并供观赏、游憩及科普等活动，具有良好设施和解说标识系统的绿地	—
		G133	历史名园	体现一定历史时期代表性的造园艺术，需要特别保护的园林	—
		G134	遗址公园	以重要遗址及其背景环境为主形成的，在遗址保护和展示等方面具有示范意义，并具有文化、游憩等功能的绿地	—
		G135	游乐公园	单独设置，具有大型游乐设施，生态环境较好的绿地	绿化占地比例应≥65%
		G137	其他专类公园	除以上各种专类公园外，具有特定主题内容的绿地。包括儿童公园、体育健身公园、滨水公园、纪念性公园、雕塑公园以及位于城市建设用地内的风景名胜公园、城市湿地公园和森林公园等	绿化占地比例应≥65%
	G14		游园	除以上各种公园绿地外，用地独立，规模较小或形状多样，方便居民就近进入，具有一定游憩功能的绿地	带状游园的宽度宜大于12m；绿化占地比例应≥65%

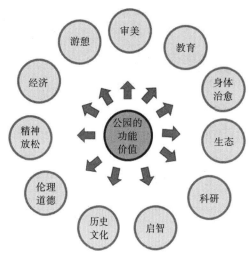

图1-1 公园的多种功能与价值

1.2.2 公平

1.公平的概念

公平有几个相近的概念：平等、公平、公正。平等表示任何人或任何单元都享有相同的份额[29]。公平通常用于公共服务或公共资源分配公平、公正与否的判断，公共服务的公平不是指算术意义上的绝对相等，而是附加其他条件如使用者因素、设施效率等之后的相对平等[30]。"公正"则更多是法理或社会价值层面的含义。

人类对公平的关注历史悠久，各个时期不同的生产力发展水平下具有不同的公平观。在西方，公平观的发展经历了古希腊的公平观、等级公平观、功利主义的公平观、马克思恩格斯的公平观、罗尔斯正义论等几个阶段[31]。古希腊的公平观认为公平意味着一种德行，用来限定和协调人与人、人与社会、人与国家之间的关系。以托马斯·阿奎那（Thomas Aquinas）为代表的等级公平观，将

公平、正义与神的意志联系起来，具有浓厚的神学色彩。功利主义的公平观遵循"最大幸福原则"，认为公平是全社会个人效用之和的最大化。马克思恩格斯的公平观则建立在批判私有制生产关系和财产分配关系的基础上，指出私有制是导致社会不公的根源。约翰·罗尔斯（John Rawls）认为自由的优先性和分配的合理性是公平正义的两个基本原则。

总体而言，公平具有历史性、相对性，其含义会随着社会发展而变化，往往与价值判断密切相关，其实质是对社会经济关系的客观反映。

2.公平的类型

学术界对于"公平"尚没有形成统一的分类体系。从不同视角，公平具有不同的分类方式。从社会宏观视角，公平分为政治公平、经济公平、社会公平；从内容视角，分为制度公平、教育公平、分配公平、权利公平等；从实现过程，分为起点公平、过程公平和结果公平；从对公平的评价角度，可以分为横向公平与纵向公平。

本书的"公平"概念，是沿用目前学界的普遍提法，即广义的公平，认为"公平"与"公正"两个概念是融合在一起的、密不可分的，而不是以狭义的公平定义方法，对"公平"与"正义"加以明确区别、割裂。

1.2.3 空间正义

1.空间正义的内涵

空间正义是社会理论中对社会公正反思的空间维度，是对不正义的空间表现的批判[32]。"空间正义"思想发展源于社会理论"空

间转向"，它的提出挑战了传统的二维本体论。在此之前，在对正义的探索中，人们一直倾向于用社会和历史视角，至此，空间视角和空间意识才被开始用于探讨正义问题，为人们打开了一扇新的窗户，让人们意识到人的存在不仅是社会和历史的存在，更是空间的存在。

什么是空间正义？西方学者对其概念主要从两个视角进行论证。

（1）超越正义论争辩的"空间正义"。自由主义和社群主义两大流派是当代西方正义理论的两大主流，他们之间的正义之辩是西方政治哲学的基础。然而，1990年，艾利斯·马瑞恩·扬（Iris Marion Young）提出"差异政治"正义论，超越自由主义和社群主义论辩，她认为应当从差异的视角，把支配和压迫作为考察不正义的起点，而不是仅仅关注分配的公平性。

（2）从正义的空间辩证法对空间正义进行理解，最典型的如迪克奇（Mustafa Dikec）提出的非正义空间辩证法，对"非正义的空间性"与"空间性的非正义"进行了阐述，是从正义的空间产生过程理解空间正义，而非仅仅从结果上理解。从以上两个视角可以看出："空间正义"概念是对不正义的空间表现的批判，目的在于观察、辨别和消减植根于空间和空间过程的不正义[33]。

我国对空间定义尚无完整定义。学者任平从公共资源角度，于2006年最早对"空间正义"的概念进行介绍，认为"所谓空间正义，就是存在于空间生产和空间资源配置领域中的公民空间权益的社会公平和公正，它包括对空间资源和空间产品的生产、占用、利用、交换、消费的正义"[34]。王志刚强调空间正义的主体性，认为空间正义必须关注社会弱势群体的基本权益[35]。赵静华认为空间正义理论并不是为了刻意从理论层面去弥补正义理论的空间缺位，而是提供能够转化为社会行动指南的政治理论，具有明确的现实指向性[36]。曹现强结合西方学者的定义与论述，将"空间正义"的内涵具体详细地总结为七个方面[33]，是迄今为止国内对空间正义内涵最为细致的解析。

综上，本书认为空间正义理论是空间问题与正义理论相互建构，以空间政治学为溯源，空间作为载体，正义作为价值诉求，分析、矫正空间生产过程中的各种非正义问题的理论。它具有批判性构建的特征，遵循"分析问题—提出方法"的逻辑演变；进一步说，它不是纯理论性的存在，与传统的空间哲学和正义论相比，它更具有实践性和现实性；其根本目的在于批判并构建能够指导、修正现实空间利益问题的理论、方法、路径。

2. 相关概念辨析

1）社会公平（公正）与社会平等

社会公平（公正）强调分配过程、分配规则、分配机会的公正合理[1]。社会平等是社会公平的表现形式，但二者并不对等。社会平等是一种"平均主义"，强调人们在获取资源和利益上等量性，可以用数学、经济学、统计学等方法来检验。社会公平（公正）始终与特定的社会背景、历史条件相联系，其标准具有相对性；而平等却不受时代、社会制度等制约，其标准是永恒的。

2）环境正义

伦理学大辞典对环境正义（Environmental Justice）的定义有两个层面：一是指所有人都应拥有平等享受清洁环境的权利，二是环境享用的权利与环境保护的责任和义务相统一[37]。这意味着社会中任何人，都不应当承担不合理的消极环境风险，并且均具有共享良好的自然环境与天然资源的权利。环境不正义问题的实质是由于经济利益不公平而转化为的环境利益不公平。

3）景观正义

景观正义源自环境正义运动[38]，是环境正义理论的延展，进一步明确了景观与人权因为健康而产生的关联性。近20年，环境正义日渐成为风景园林领域所关注的重要议题。2012年，《佛罗伦萨宣言》中提出"景观是公共利益，是人类的基本需求"[39]，认为享受景观资源以保障身心健康是每个人都有的权利。

在强调公平、可持续发展的背景下，西方风景园林师更早认识到风景园林学科的社会价值，认为风景园林不仅是"社会化的自然网络"，还是当代社会文化和道德伦理的重要组成部分，一个成功的公共景观项目应是遵循公平原则下的规划设计过程。由此，西方国家面向公众和社会的风景园林设计理念不断加强。

4）空间正义、社会公平（公正）、环境正义、景观正义概念辨析

目前，在人居环境、社会学等研究领域，有关空间资源分配和使用的"公平性""正义性"研究不断涌现，但对于社会公平、环境正义、空间正义、景观正义这些相近的概念，学界还没有明确地区分与界定，这些概念之间的研究领域、研究内容其实存在诸多重叠。根据文献总结梳理，本书尝试对空间正义、社会公平（正义）、环境正义、景观正义这几个相近的概念加以辨别。

本书认为社会公平（公正）是广泛的社会基本伦理价值观，空间正义、环境正义、景观正义这几个概念是建立在社会公平（公正）基础之上的维度细分。空间正义囊括了环境正义与景观正义，具体表现为：环境正义是空间正义的一个重要分支，景观正义又是环境正义理论的延续与扩展。

1.2.4 公共服务

1. 公共服务的供给与需求

公共服务是指公共部门为满足公共需求，生产、提供和管理公共产品及特殊私人产品的活动、行为和过程[40]。公共服务具有社会性、公共性、公平性等属性，同时表现出非竞争性、非排他性、外部性等特征。

公共服务供给由供给主体、供给内容、供给方式和供给运行四个方面构成[41]（表1-5）。公共服务的供给主体可以是多元的，依据性质可分为政府供给、市场供给、社会供给；公共服务供给主体从最初的政府单一供给主体向多元主体协作的模式演变，在一定程度上提高了供给效率。供给内容上，包括基础设施建设、社会保障、信息、文化等多个方面。供给方式主要表现为这种供给是以谁为中心的，以及如何提供的问题；供给运行主要解决如何生产的问题，具体包括决策机制、效率机制、协调机制、公平机制等。

公共服务供给的内涵解读　表1-5

构成	解决问题	具体内容
供给主体	由谁提供	政府部门、市场、社会
供给内容	供给什么	基础设施建设、社会保障、信息、文化、环境保护等
供给方式	如何供给	计划主导，市场主导，混合供给
供给运行	如何生产	决策机制、效率机制、公平机制、协作机制、监管机制

公共服务存在的目的和意义即在于满足公众的需求，其供给的动力源于"人的需求"，这决定了"以人为本"是公共服务发展的基本要求。国内外公共服务供需发展历程可以总结为三个阶段：第一个阶段，表现为以政府自上而下单一供给为主，以区位理论为指导实现公共服务的空间均质化；第二个阶段，开始探索市场及私人资本在公共服务供给方面的介入性，提高供给与运营的服务效率。第三个阶段，注意到公共服务供给与需求在不同人群、地域间的差异性，以居民需求和公平公正为导向，推崇自下而上的供给模式。

2. 公共服务供给的公平性

1）公共服务供给公平的概念

关于"公共服务供给公平"内涵的争辩从未间断。卢西（W. Lucy）对公共服务供给的"公平"和"平等"进行了辨析，认为"平等"是指不考虑人群社会经济地位、支付意愿等方面的差异，每个人获得相同的公共服务；而"公平"的评价与定义是在人群属性的特定语境下进行的，它的评价需要基于一系列指标（如收入、种族等），是根据需求来判断的 [42]。特吕洛夫（M. Truelove）认为公共服务的公平应包括水平公平和垂直公平 [43]，"水平公平"指处于相同环境的人应该被同等对待，"垂直公平"

指处于不同环境的人应该有区别对待。尼克尔斯（S. Nicholls）将公共服务的公平分为四种类型 [44]，包括：①基于平等（equality）的公平，指不论地理区位或居民社会经济特性，提供同等的服务；②基于需要（compensatory or need）的公平，指针对不同人群如老年人、儿童、少数族裔或高密度区域人群的需要提供服务；③基于需求（demand）的公平，即根据消费者需求提供物品或服务；④基于市场影响或支付意愿（market or willingness to pay）的公平，即市场对服务分配具有潜在影响，多针对商业服务。

学界对于公共服务公平的定义还没有统一，其原因正如史密斯（D. M. Smith）所说：不公平是指公共服务或设施的分配对某些特殊人群有制度和体系上的歧视，但是公平就很难界定 [45]。可以发现，学界对于公共服务公平的解释与评价方法虽然不断涌现，但各种理论与方法总体上表现出与社会发展相适应的特征。本书的公平定义主要指与居民社会经济特性有关的公平，不考虑市场、支付意愿等因素的影响。

2）公共服务供给公平的不同阶段

西方国家公共服务公平性研究经历了地域均等、空间公平和社会公平三个阶段 [46]，各阶段特征如表1-6所示。

1.2.5　规划评价

规划评价是对城市规划方案、实施过程、实施影响等内容的反馈与指导。中西方学界对规划评价的研究成果较为丰富，演变出较多的分类方法，本书总结了不同的规划评价分类方法（表1-7），主要可以总结为依据评价时机、内容、方法、视角的分类。

国外公共服务公平性研究的不同阶段与特征 表1-6

年份	公共服务供给模式	阶段	特征
20世纪70年代以前	福利国家	地域均等	以均等分配为核心，强调人人同等享有；重在考虑人均公共服务量是否相等
20世纪70~90年代	新公共管理	空间公平	利用GIS空间技术将"哪里获得了多少服务"进行了量化与可视化表达，但探讨的仍是"均一的空间"和"均一的人"
20世纪末至今	新公共服务	社会公平	从单一的"地的公平"转向对"人的公平"的兼顾，评价不同社会群体公共服务供给的差异

规划评估的分类 表1-7

分类依据	代表学者	分类方法	分类特点
按评价时机分类	亚历山大（E.R. Alexander，1989）	①事前评价；②过程中的评价；③事后评估	按照规划"准备、实施、回顾"三个阶段划分
	查德威克（G. Chadwick，1978）	①规划预估；②规划监测；③规划评估；④评估反馈	更加强调规划政策的理性循环过程
	凯泽（E. Kaiser，2009）	①采纳前评价；②采纳后评价	具有较强的决策服务色彩
按评价内容分类	塔伦（E. Talen，1996）	①规划实施前的评价；②规划实践评价；③政策实施分析；④规划方案实施评价	强调规划在实施后的评价
	贝尔（W.C.Bear，1997）	①规划方案的总体评估；②方案测试与评价；③规划方案批评；④专业性的研究评价；⑤实施后的规划产出评价	按照规划的工作流程划分
	张庭伟（2009）	①技术评价；②实效评价；③价值评价	更加注重评价内容所在的层次
	宋彦（2010）	①方案评估；②实施过程和进度评估；③对规划实施与预期目标对比评估；④公众利益评估	注重全过程评价和公众参与
	孙施文（2009）	①法定规划的实施情况评价；②规划作用的评价；③规划实施绩效评价	对规划实施展开回溯性经验评价
依据评价方法分类	古帕和林肯（Guba & Lincoln，1989）	划分为"四代"：①经济理性；②效果理性；③考虑社会成本的外部理性；④交互理性	对具体的政策项目有较好的适用性，对综合性的城市规划实践适用性欠缺
按评价视角分类	B.富奇（C. Fudge，1981）	分为"一致性"和"绩效"两类	主要针对规划实施后

1.3 城市公园公平绩效评价研究综述

1.3.1 国外研究综述

城市公园公平绩效评价研究起源于环境正义议题。环境正义以往研究多集中于环境风险的不成比例分配，如邻避问题。近年来，这方面的研究转变方向，将视线投向对人类生活有正面促进作用的设施上，如清洁环境、福利设施（如公园、运动场地、行道树、公共交通等）。鉴于城市公园的可获得性与健康、房价及社会福利的关系，公园公平绩效评价成为发达国家近20年来的热点研究问题之一[47]。

在研究结果上，由于研究区域、空间尺度、测度指标、测度方法的不同，西方城市公园公平绩效评价还没有形成统一的结论，西方学界称之为"未形成模式的不平等"（Unpatterned Inequality）[48]。其中一些研究发现，与主流族裔、富裕阶层相比，少数族裔、低收入人群等弱势群体的公园享有存在不公平现象[49-51]；部分研究表明少数族裔、低收入人群拥有较多的公园数量（面积）、较好的公园可达性[52-53]，另外有研究指出并未发现各群体间的公园供给存在差异[54-55]。

1. 城市公园公平绩效评价研究分类

根据研究的侧重点不同，国外公园公平绩效评价研究可分为两类，分别为：基于可达性的公园公平绩效评价研究和基于人群需求的公园公平绩效评价研究。

1）基于可达性的公园公平绩效评价研究

可达性是公园使用最重要的影响因素，可分为客观层面（物理可达性）和主观层面（时空可达性或感知可达性），物理可达性强调各地点之间交通、交流的便捷性。国外研究认为 300~400m 的距离是决定绿色空间使用的阈值，当距离超过 300~400m 时，使用率开始下降并越来越迅速[56]。时空可达性、感知可达性则强调按人的意愿产生的对某一空间或区域的主观选择优先级[57-58]。

公园可达性公平绩效研究大多是对不同群体（种族/民族、社会经济地位、年龄、身体状况）可达性差异的探索与可达性匮乏区域的识别。可达性作为公共服务公平性评价的重要度量指标，其度量方法是国内外公共服务公平性研究的重点。在西方近 40 年的研究中，主要发展了两大类、六小类可达性度量方法[46]（表1-8）。

早期西方城市公共服务研究多停留在地域均等、空间公平阶段，可达性测度方法建立在静态假设的基础上，只考虑个体与设施之间的物理邻近度，未考虑个体活动和时空限制，假设个体是"均一"的，需求没有差异，是对物理可达性的探讨。19 世纪 60 年代末，黑格斯特兰德（T. Hägerstrand）提出的时间地理学（Time-geography）为可达性研究提供了一个新的视角[59]，在此基础上发展出了时空可达性测度方法，重点关注公共服务设施开放时间、个体交通方式选择以及实时交通等因素对公共服务可达性的影响；如韦伯（J. Weber）和关美宝（Mei-Po Kwan）将交通拥挤、服务开放时间纳入公共服务可达性考虑的范畴[60]。罗塞罗-比克斯比（L. Rosero-Bixby）[61]、库姆斯（E. Coombes）[62]等学者利用问卷调查和实地访谈等形式，针对个体尺度的真实行为进行公共服务可达性

西方城市公共服务可达性测度方法[46] 表1-8

特点	物理可达性测度方法				时空可达性测度方法			
	基于"物""空间"的测度方法，受距离、交通方式或设施数量、质量的影响				基于"人"的测度方法，考察时间、空间、机动能力、偏好及设施质量对个体使用设施机会的影响			
分类	TMIN	DMIN	CUM	GRAV	NUM	NUMD	DUR	BAGG
定义	最小出行时间法	最小出行距离法	容器法（覆盖法）	引力模型	潜在机会数量	潜在机会的邻近度	潜在机会持续时间	潜在机会的最大利用

研究。时空可达性测度方法与物理可达性测度法相比，测度结果更接近客观事实，但测度方法也更为复杂。

2）基于人群需求的城市公园公平绩效评价研究

西方国家的城市公园公平绩效评价研究，体现了空间公平和社会公平的融合兼顾。20世纪70年代中期后，西方公共服务规划开始更加关注公共服务设施的社会现实背景[63]，"社会化"特征逐步凸显。琼斯（B. D. Jones）等认为，公共服务如果不是按照居民需求来提供就可能导致歧视性分配[64]。孔扎曼（K. R. Kunzmann）进一步指出公共服务设施供给公平意味着设施配置分布要与居民的需要、偏好标准相一致[65]。城市公园供给公平性的核心问题是公园服务的空间配置，以及这种配置是否满足了不同群体的需求。西方在对城市公园公平绩效评价研究中，不仅关注公园在区域之间的差异，还从人口社会经济属性（社会经济地位、族裔、年龄、性别）出发，探讨不同人群在公园使用与需求上的分化与差异。

西方研究认为公园的供给会因收入、种族、年龄、性别、权力资本等多因素产生分异。将公园供给与人群社会经济属性联系起来，观测空间单元内公园属性（可达性、质量、面积、数量）与居民社会经济地位或社会需要程度是否存在关联[66]，以及关联大小、关联方向（正相关或负相关）。

哈维（D. Harvey）提出的"需求的地方性"理念认为："弱势群体越多的区域越需要更好的公共产品与服务"[67]。西方研究特别关注弱势群体的公园供给公平，诸多研究表明社会性弱势群体如低收入人群、少数族裔与富裕阶层、主流族群相比拥有更少的邻近绿地[68-69]。除此之外，生理性弱势群体由于身体原因，在公园使用方面与普通大众有所差异，因此老人、妇女、儿童在公园使用方面的行为特征、态度、偏好也成为公园公平绩效评价研究的主要内容[70-71]。

国外学者认为不同人群对公园的感知、偏好、使用特征与其社会经济属性、文化背景、宗教信仰息息相关[72-73]。库雷希（S. Qureshi）等人的研究表明，在游憩选择上，位于郊区以及收费公园的消费对象大多是中高收入群体，还徘徊在生存边缘的低收入人群往往倾向于选择公共交通能够到达的、邻近的公园[74]。还有研究根据弱势需求指数（Neighborhood Socioeconomic Disadvantage Index，NSDI）识别出公园高需求区域，发现虽然有些公园高需求区的公园可达性很好，但居民的使用意愿、使用频率却不高，究其原因是公园设施与居民需求、偏好的不匹配所导致[75]。一项德国的研究表明，德国本地人喜欢积极的运动、玩耍空间，移民人群喜欢能够烧烤、野炊和交流的区域，由于公园空间与使用偏好的不相匹配致使移民人群较少使用公园[76]。席佩赖恩（Japer Schipperijn）等人的研究表明居住点与公园距离的远近不是决定公园使用行为的主要因素，就近提供更多的公园并不会增加人们的使用频率，性别、年龄、种族等主观因素对公园使用与否、使用频率影响较大[77]。综上，国外研究认为在公园供给上，理解人的需求并据此提升公园的有效供给比建造更多公园更有意义。

2. 评价框架

西方城市公园公平绩效评价框架可概括

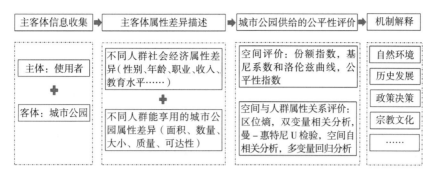

图 1-2 西方城市公园公平绩效评价的基本框架

为：通过"谁得到什么，从哪里得到，怎样得到"研究不同群体公园服务的差异性及影响因素与机制（图 1-2）。包括以下内容：

（1）差异描述：包括不同使用者社会经济属性之间的差异，能获得公园资源的差异，公园使用特征与模式的差异。

（2）公平性评价：与公共服务公平性研究阶段相对应，公园公平绩效评价研究也经历了地域公平、空间公平、社会公平三个阶段，前两个阶段以区位理论为依据，比较公园数量、面积的地域差别。在进入社会公平阶段后，更突显不同人群的公园享有差异性。

（3）机制解释：通过自然环境、历史发展、政策决策、宗教文化等因素分析影响公园供给公平性的因素及不公平的形成机制，为城市公园供给的公平构建寻求出路。

3.评价维度

国外研究主要从可达性/邻近度、面积/数量、质量这几个维度来衡量公园供给的公平性。国外早期大部分研究多采用可达性或面积/数量中的一个或某几个维度来衡量公园供给的公平。伊贝斯（D. C. Ibes）[78]、里戈隆（A. Rigolon）[79]指出在公园公平性研究时应考虑公园质量，这个观点一经提出就受

到了国外学者的普遍认同，公园公平绩效评价的维度得到扩展。里戈隆对西方已有的城市公园公平性研究进行总结，认为其研究框架可概括为基于邻近度/可达性、面积（包括数量）、质量的公园供给差异比较。

国外诸多研究认为公园质量是影响人群使用的重要因素，单纯提升数量并不能增加人们的使用积极性。阿迪诺尔菲（Cristiano Adinolfi）等人研究指出人群行为活动方式是由绿色空间的环境特性决定的[80]。白华等（Hua Bai）[81]、阿克皮纳（A. Akpinar）等[82]的研究表明公园质量在很大程度上决定了人们对公园使用与否、活动内容及使用频率。

若从健康公平角度切入研究，则公园质量的重要程度不亚于可达性。大部分西方学者的研究一致表明低社会经济地位人群、少数族裔拥有的公园质量较低，与中高收入人群聚居区的公园相比，公园里健身场地较少，舒适性较差，由此造成健康差异[83-85]，认为在住所附近提供较高质量的公园（面积大的/可见性、可达性较好/维护好的/设施完备的）是提升人群健康的有效策略。

西方研究中，可达性常用不同公式、模型（如重力模型、潜力模型）不同平台（GIS、

大数据）测度，或者用旅行成本（距离、时间）、服务范围（如服务覆盖面积、服务覆盖人群）来表达。常用的表征公园数量、面积的指标有：人均公园面积、儿童千人公园面积、某一空间尺度内公园总面积或数量。质量方面，国外学者开发了一系列公园质量评估的方法，用于研究公园质量与人群使用之间的关系以及公园质量公平问题。普遍认可并得到推广应用的有：李·沙纳姆·李（Chanam Lee）等的社区公园审计工具（Community Park Audit Tool, CPAT）[86]、塞伦斯（B. E. Saelens）等的公共游憩空间环境评估（Environment Assessment of Public Recreation Spaces, EAPRS）[87]、布鲁姆霍尔（M. Broomhall）等提出的公共开放空间工具（Public Open Space Tool, POST）[88]，有学者在这些评价方法的基础上加强了人群的针对性，如亚历山德罗（R. Alessandro）构建了针对年轻人体力活动吸引力的公园质量评价指数（Quality Index of Park for Yougth）[89]，克劳福德（D. Crawford）等提出了儿童公共开放空间品质评价工具（Chirdern's Pos Tool, C-POST）[90]。这些评价工具多采用实地调研的方式，当研究范围大、样本量多时，非常耗时耗力；为强化工具使用的便捷性，西澳大学建成环境与健康中心尝试采用远程遥感影像对实体空间进行数据采集的方式，在POST评价工具的基础上开发了"公共开放空间远程桌面评价工具"（Public Open Space Desktop Audit Tool, POSDAT）并得到了广泛应用[91]。

4. 评价方法

评价方法上，城市公园公平绩效评价方法可以分为空间公平评价和社会公平评价两类。空间公平评价不考虑空间分异和社会群体分化，以区位理论作为指导，比较公园服务的区域差异；在人本思想和社会公平理论的推动下，西方城市公园公平绩效评价方法得到了拓展，进入社会公平阶段，着眼评价不同社会群体公园供给的差异。在将空间差异可视化表达之外，还通过空间自相关分析、空间回归分析等方法解析因变量（公园）与自变量（社会因素、人文因素、个人因素等）之间的关系，实现了将研究高度从现象描述向机制解释的实质性提升。

空间公平评价方法上，姚亮（Yao Liang）等[92]以及卡比施（N. Kabish）等[76]借鉴经济学中的基尼系数和洛伦兹曲线对公园供给的公平绩效进行定量表征。这种方法是单纯从空间角度对公园可达性、面积/数量均衡性的考量，把空间视为"同质"的空间、内部的人视为"均匀"的人，忽略了人群需求的差异性和人口密度的不均匀性。因此，有研究者指出在公园供给的公平性评价中，还需考虑居民的社会经济属性，将设施的空间布局与人口属性的空间分布相结合。很久以来，如何将设施分布与人群属性空间分布联系起来都是城市公共服务公平性研究的难题，存在方法上和数据获取上的困难。

针对此问题，1997年，塔伦（Talen）提出使用ESDA空间数据分析技术和GIS可视化，形成"equity mapping"[66]，并利用空间自相关分析中的局部分析方法（Local Indications of Spatial Association, LISA）来分析公园可达性与人群社会经济变量的空间聚类模式、关联性，以此判断公园供给的公平。

此后的很多研究都沿用了这种方法，并不断拓展出新的方法，常用的方法有曼－惠特尼U检验、有序相关分析、方差分析、双变量空间自相关和回归分析等。如游和远（You Heyuan）等利用 Open GeoDa 软件采用空间回归法分析公园供给指标与人群社会经济属性之间的相关性[93]，杨晓等（Yang Xiao）[94]、蔚芳（Wei Fang）[95]采用曼－惠特尼U检验和多元回归分析，徐梦雅（Xu Mengya）等[96]采用 SPSS 层次回归分析。

1.3.2　国内研究综述

1. 研究概况

随着中国城市的迅猛发展，快速的城市化模式引发了诸多矛盾和冲突。社会分层、空间分异等社会学概念在城乡规划学科中被越来越多地提及，社会公平正义成为重要研究议题。

目前，国内对社会公平问题的探讨主要集中在以下几个方面：①不同群体个人社会经济成就的差异；②不同群体就业机会与住房条件的差异；③不同区域公共服务供给的差异。公共服务供给公平的研究对象主要涉及公共交通、医院、教育设施等，城市绿地、公园公平性研究还较缺乏。

2. 城市公园公平绩效评价研究分类

国内城市公园公平绩效评价也可以分为基于可达性的公园公平绩效评价和基于人群需求的公园公平绩效评价两个方面。在研究结论上，国内公园供给是否存在不公平，也并未达成共识，有些城市的研究表明公园布局较为公平合理，还有一些城市的研究则反映出公园具有明显的非均衡特征；不同人群公园供给是否公平，即公园供给的社会公平研究较少。

1）基于可达性的城市公园公平绩效评价研究

目前国内学者对公园公平绩效评价多从空间尺度上，通过分析人口密度与绿地数量、面积之间的关系，可达范围内的人均绿地占有面积、公园服务人口比、公园服务面积比等指标来表征公园的享有状况与差异比较。

国内公园可达性研究主要集中在物理可达层面。常用的测度方法包括比例法[97-99]（统计指标法、缓冲区法）、最近距离法[100-101]（旅行成本法、网络分析法）、基于机会累积的方法（等值线法、移动搜寻法、两步移动搜寻法[102]）、基于空间相互作用的方法（潜能模型、引力模型[103]、核心密度法）、大数据方法[104-105]。

不同的测度方法具有其自身的优缺点。比例法通过统计特定研究单元内公园资源总量与人口总量，采用公园面积比、人均公园面积等指标来表示可达性；操作简单，但对供需双方间的空间阻隔因素考虑欠缺。最小距离法和旅行距离法利用人群到达最近公园的距离（欧式距离或基于路网的道路、时间距离）来评价可达性，忽略了公园数量与质量对可达性的影响。引力模型法和两步移动搜索法基于空间相互作用的角度，从供需两个方面综合评价公园资源获取的难易程度，在一定程度上提高了可达性的精准性。随着大数据在各领域的应用，采用大数据方法进行可达性测度受到热捧，与传统方法相比，其测度结果更真实精确。

总体而言，目前国内基于可达性视角的公园公平性研究，主要是基于"空间"的物理可达，对可达性的非空间影响因素考虑较少。已有少数学者认识到时间、行为、非空间因素对可达性研究的重要性，如杨晓春等在空间可达的基础上，纳入非空间因素，构建了公共开放空间可达性综合评价的研究框架[106]。张文佳、柴彦威等将时空行为理论引入社会公平研究，从居民日常活动行为特征探索城市空间利用的公平性[107]。在当前我国"人的城镇化"的发展思路下，国内研究需要从时间地理学、人的行为、感知角度，深化公园可达性的理解。

2）基于人群需求的城市公园公平绩效评价研究

基于可达性的公园公平绩效评价研究，是基于地理的、空间的研究方法与技术手段，不能充分获取真实的公园使用者行为和服务状况，从人群需求视角探索公园服务绩效不可或缺。国内研究中，宁艳和胡汉林最早提出了构建与城市居民的行为模式相适应的城市绿地结构的理念[108]。随后，国内学者从时空行为、游憩偏好、满意度等不同视角对公园使用绩效进行了深入研究。如李方正等利用新浪微博签到数据[109]、殷新等基于LBS数据对城市公园的使用状况进行了分析[110]。杨硕冰等研究了职业分异对社区公园游憩需求的影响[111]。姚雪松等[112]、马淇蔚等[113]对老年人公园活动需求、影响因素和可达性进行了分析。满意度是反映公共服务设施供给与居民需求匹配程度的重要指标，学者们采用多种方法如结构方程模型[114]、回归分析[115]等对公园游憩满意度进行了测评。

快速的城镇化历程下，国内不同社会经济属性群体的公园享有是否存在差异，即社会公平绩效问题，仅有少数学者进行了探索拓展。如江海燕、周春山等分析了广州市中心城区公园消费特征[116]，研究结果表明社会经济地位越高的人群获得的公园服务水平越高；并从城市发展历程、公园建设特征、人口构成等方面分析了公园供给差异的原因[117]。唐子来等基于份额指数方法对老龄群体、低收入人群的公共绿地享有量进行了定量分析，提出了社会正义绩效评价的份额指数方法[98]。

总体而言，国内公园公平绩效的研究类型主要以空间公平为主，对社会公平问题探讨较浅。虽然从人群满意度、需求、行为特征视角进行了大量研究，但大多是对现象的描述，对空间形成机制、规律和意义探讨较少；如何利用研究结果指导公园公平供给的路径还不清晰。

3）评价维度

国内公园公平绩效评价大多是对可达性、数量、面积中的一个或几个维度进行分析，从可达性维度进行评价的较多，甚至将可达性与公平性视作同一概念。公园的质量维度普遍缺失，大部分已有研究均未将公园质量纳入评价体系。

究其原因，主要由于国内对于城市公园质量的概念还没有明确、统一的定义，诸多城市公园相关的政策法规中，也未对公园质量有较清晰的要求与标准。仅有少数学者对公园质量评价进行了探讨，如李永雄提出城市公园环境质量的评价方法并构筑了评价指标体系[118]，邢旸等构建了城市绿地质量评价指标体系[119]。总体而言，国内城市公园质量的研究成果较少，公园质量的测度方法、评价方法、评价体系都不明晰。

4）评价方法

评价方法上，多采用单纯的空间评价，即对区域间公园供给的可达性、数量、面积进行量化比较，对于不同社会群体是否享有公平的公园资源探索较少。常用的方法有基尼系数、洛伦兹曲线法、份额指数法、公平性模型与指数。如尹海伟等[120]、陈秋晓等[99]基于可达性、需求指数定量表征绿地的公平性。陈雯等[121]、吴健生等[103]分别从空间区位和空间关系的视角和供需平衡视角构建了公平性评价模型，用以定量评价城市公园供给的公平性。唐子来等采用基尼系数、洛伦兹曲线对上海市中心城区公共绿地空间分布进行了社会公平绩效评价[98, 122]。

总体而言，国内城市公园公平绩效评价方法还存在诸多缺陷。一方面，定量化方法还不成熟，由于人群社会经济属性资料的获取难度较大，使得目前的研究基本停滞在单纯的空间评价阶段；另一方面，忽略了服务主体——使用人群的空间分布、社会属性、诉求差异，缺乏公园供给与人群属性的关联性分析，在很大程度上阻碍了公园公平绩效评价结果对规划实践的指导意义。

1.3.3　研究评述

1. 当前城市公园公平绩效评价研究的特点

本书对国内外城市公园公平绩效评价研究的特点进行了总结（表1-9），旨在对比国内外在该研究领域的异同。

1）研究内容

西方国家的城市公园公平绩效评价主要从人口社会经济属性（社会经济地位、收入、年龄、性别、族裔、宗教信仰）出发，探讨不同人群在公园使用与需求上的分化与差异，即社会公平问题。

受社会空间数据可获得性和精度限制等现实因素约束，国内公园公平性研究大多停留在空间公平阶段，从空间尺度上对比不同区域公园服务水平的差异，缺乏空间与不同社会经济属性人群关系的研究。

国内外城市公园公平绩效评价研究特点总结　　　　　　　　　　表1-9

	国内	国外
研究内容	（空间公平）多从公园供给的数量和区位上考虑公园分布的均衡性	（空间与社会公平相结合）结合居民的社会经济属性分析合理性与公平性
研究尺度	中观	宏观、中观、微观均涉及
研究视角	以城市规划、地理学、风景园林为主导	城市规划、地理学、政治经济学、社会学、管理学、医学、心理学等多学科
研究平台	以 GIS 为主	GIS、空间计量软件（GeoDa、STATA、GWR、MATLAB）
研究对象	未考虑公园的类型差异； 将人视为均质的人； 多从客体（公园）单一角度评价	分别探讨不同类型公园的公平性，尤其重视社区公园供给公平问题； 从多元人群需求出发，探讨不同人群公园供给的公平性； 从主体（使用人群）与客体（公园）两个方面进行探讨

2）研究尺度

国外公园公平绩效评价研究尺度从宏观到微观均涉及，大到以城市群为研究对象，对比城市间公园供给差异，如卡比施对欧盟27个成员国中的299个大城市的城市绿地可获得性进行了对比[123]。中等尺度多以都市区、街区、人口普查单元为研究对象，微观尺度多采用社区、群体作为研究单元。

国内研究大多停留在以街道、城市行政区为代表的中观尺度，向上的宏观尺度如城市群、城市间对比研究，以及向下的微观尺度如社区、小区、个体间的公园公平性研究还很少见。主要由于我国城市公园资料多为当地规划管理部门掌握，且不对外公布，造成了数据获得的困难。此外，长期以来我国实行街道网格化治理，国家公布统计的大量基础资料均以街道为单元；国内社区治理模式仍在探索中，诸多城市社区边界划分还不清晰，社区资料收集存在一定难度，也为公园公平性研究尺度细化带来了一定困难。总体而言，数据的可获得性和精度限制在一定程度上造成了研究尺度的局限性。

3）研究视角

国内公园公平绩效评价研究大多集中在城市规划、地理学、风景园林学科，研究重点倾向于从物质空间视角来探究公园的区域差异，对于公园的社会属性考虑较少，如何将社会属性融入规划方法的探讨还较少。

在国外，健康正义被作为公园公平研究的重要议题，将城市规划、心理学、医学、社会学等学科相融合，探讨如何使不同人群平等地享受城市公园的绩效福利，多学科交叉的研究视角将人与公平性之间的关系更为紧密地结合起来。

4）研究平台

国内对公园公平绩效评价的研究主要依托GIS平台进行可达性、面积、数量的空间对比。在跨学科研究背景下，国外学者除了利用地理、规划学科擅长的GIS外，经济学、社会学常用的空间计量软件（如GeoDa、STATA、GWR、MATLAB）也被普遍应用，空间计量软件不仅能将公园服务差异可视化，更重要的在于它的解释分析功能，其空间自相关、空间回归等功能可以阐释城市公园格局与社会、人文、个体等因素间的关系，实现了将研究高度从现象描述向机制解释的实质性提升。

5）研究对象

城市公园公平绩效评价的研究对象包括评价主体（使用人群）和评价客体（城市公园）。在对研究对象的内涵理解上国内研究仍存在一定的局限性。国内研究大多从客体单一角度探讨公园供给与修正，对不同主体的使用需求差异考虑较少，是从"物"的角度的思考路径。研究思路上着眼于"整体观"，对城市"人"的认识论尚停留在西方城市社会学启蒙时期的"机械团结"阶段，相应在方法论上也对城市"人"采取同质化的方式，将公园视作"同质的"整体，将人视作"均质的人"，忽视了现实中公园类型与人群属性的多样性；对弱势群体及特殊群体的考虑较为欠缺。城市公园往往被作为一种公共服务资源与"人口"挂钩，强调资源分配的均等性，缺乏对不同人群感知偏好、需求差异、公平公正的剖析。

国外在此问题上，认为主体与客体是相互影响的，从主客体两个方面探讨公园供给的公平性，除了探究宏观层面的整体公平外，往往细化到对某一类人（低收入人群、移民、少数族裔、妇女、儿童、老人）或某一类公园（如社区公园、高质量公园）的微观视角上。

6）城市公园公平绩效评价研究具有地域特点

通过对国内外城市公园公平绩效评价研究进行梳理可以发现，公园的公平性具有基于地域的特性。首先，在差异表现方面，一个城市的公园供给有利于高收入群体，而另一个城市则表现为低收入群体的可获得性更好。其次，各地域的政治制度、地域文化决定了自身的公园规划重点，这表明不可能将国外的研究结果推演到中国。中国特有的国情及发展背景，决定了其不能直接与西方国家进行照搬与对比。

目前有关城市公园公平性的研究大部分是西方国家的，其中以美国表现最为突出，发展中国家的研究相对缺乏。2016年后，有关中国公园公平性研究的论文大量涌现，也从一个侧面反映出国际上对中国特殊国情、政体背景下城市公园供给模式、供给机制的关切。纵观目前国内城市公园公平性研究可以发现，已有研究大多集中在上海、深圳、广州等东部沿海城市，针对中西部城市的研究很少见，发掘不同地域背景下城市公园的特殊性与公平实施路径具有重要意义。

2. 未来国内城市公园公平绩效评价研究的趋势

随着国内外社会经济转型，社会公平、人的需求、居民幸福感等社会建设成为焦点，规划领域对空间的认知也逐渐从科学的、理性的空间向人性的、公平的空间转变。未来我国城市公园公平绩效评价研究的趋势主要表现为以下几点：

1）关注不同人群公园供给的差异性

国内公园公平性研究大多停留在空间公平阶段，从空间尺度上对不同区域公园服务水平差异，即空间均衡进行研究；缺乏空间格局与人群社会经济属性关系的探讨。收入和种族是西方国家社会分异的主要因素，与西方国家相比，我国人口种族单一，但在收入、教育和城市化水平等方面存在较大差异，随着中国城市政务数据的逐步开放和共享，未来国内不同人群公园供给差异方面的研究亟待加强。需结合社会空间、社会属性、人的时空活动、个人感知偏好、利用模式等来评价探讨公园公平性，实现公园公平性研究从"地的公平"向"人的公平"，从"均质人群"向"尊重差异"的转变。

2）城市公园公平绩效评价体系有待完善

国内城市公园公平绩效评价领域的理论与方法体系还不健全，缺乏明确的理论基础与技术支持。具体表现为以下方面：

首先，城市公园公平愿景的实现，需要明晰的、可操作的评价方法。现有的公园公平绩效评价研究多集中分析公园空间分布均衡性，针对目前国内社会分异现象，规划领域该采用何种方法、如何实现公平论述较少，缺乏公平观指导下的评价准则、评价指标、评价方法等一套完整的规划评价理论，缺少公园公平评价范式和核心理论梳理，使得中国城市公园公平评价缺少理论和方法指导。

其次，如何精准识别弱势群体的空间位

置、如何基于人群需求进行公园布局优化都有待解答。这些方面的缺失，使得公园优化实践中无法识别公园供给的短板人群、区域以及供给服务（可达性、数量、面积、质量）在哪一方面存在问题。大多数城市公园布局主要采用服务半径、可达性作为评价标准，这种"同一的公正"的评价方法只能指导空间的均衡性，无法顾及弱势群体、各分异阶层的公平性。此外，现有的以服务半径、可达性作为指导的方法大多将公园视为静止的物质空间，对城市公园的社会属性关注较少，单纯探讨空间均衡，忽略了公园与人群、社会的联系。社会空间融合、差异性正义与同一性正义兼顾、将人群需求纳入评价范畴是未来公园公平绩效研究亟待完善的方向。

1.4 研究目的、意义、内容、研究区概况

1.4.1 研究目的

公园的可获得性与人群健康、社会福利息息相关，改革开放以来，土地和房地产市场化改革使得公园等优质公共空间的占有和使用产生不平等。"公园城市"倡导的"普惠公平"为我国公园规划提供了价值导向，公园规划实践应该如何回应，如何进行公平绩效评价与空间优化，如何将"公平公正"的理念落实到公园规划实践中，进而实现趋近公平的理想空间这一愿景，从理念到操作之间还处于暗箱状态，这一问题对于目标实现具有重要的现实性与决定性。因此，亟待总结整理出一套普适性、可操作的评价、优化

方法用于指导理念与操作间的搭接。

不同时期公平的衡量标准不同，空间正义思想的公平、人本、尊重差异的价值观以及社会与空间辩证统一、以人民为中心等主旨思想，与现阶段我国追求社会公平、注重社会与空间治理的有机统一、把人民对美好生活向往作为奋斗目标等重大决策相吻合。

正义不应仅是一种价值理念，还应该是一种能付诸社会实践的理论武器。本书认为空间正义思想能够为当代城市公园走向趋近正义的理想空间提供价值取向，为公园公平共享从理论层面的话语生成走向实践层面的操作提供指引。由此，本书通过对空间正义思想的借鉴，构建了城市公园公平绩效评价方法，旨在弥补当前城市公园规划实践在落实社会公平、满足不同人群需求方面的不足，丰富和完善城市公园理论与方法，并为当前存量规划主导下的城市公园发展提供"社会公平、人本导向"的技术指导。

1.4.2 研究意义

1.学科意义：探索城乡规划与社会学的交叉融合

城市公园不仅是传统空间学科如城市规划、建筑学、地理学的研究热点，也是社会学、政治学等社会科学研究的重要内容，但目前空间学科和社会学科在此研究领域基本没有合作关系。以规划、景观设计、地理学为主的公园研究大多集中于物质空间形态、结构、审美，缺乏对空间背后的社会问题、社会建设的关注。社会学家对空间中社会问题的研究偏向于观念阐述，缺乏规划指导的可操作性。

本书通过空间正义思想借鉴，希望以"社会—空间"融合的方式，从空间视角审视社会问题，从社会视角完善公园布局，借助空间规划传导社会价值，实现面向社会发展的公园建设。

2. 理论意义：补充完善城市公园理论

"空间正义"是社会理论中对社会公正反思的空间维度。空间正义视将空间与社会视为一体，揭示社会与空间生产过程中各种非正义现象，各种空间非正义现象都是社会问题在空间中的投射。本书将空间正义视角介入城市公园研究中，审视城市公园领域的正义问题，有助于重新认识城市公园理论中"空间"与"社会"的关系。

3. 实践意义：指导城市公园建设实践

以往公园新建选址、空间布局、设施布置，多从自然资源禀赋、城市美化或经济发展角度考虑，很少考虑居民实际需求和公平问题。本书从空间正义的视角，构建了城市公园公平绩效评价方法，为公平导向的城市公园空间优化、设施布置决策提供科学依据。通过精准辨识弱势区域、弱势人群，以及各类人群的使用需求，优先布局、提升那些资源匮乏、需求量高的区域（人群），为公园布局在空间均等的基础上向弱势群体政策性倾斜提供指引。

1.4.3 研究内容

针对城市公园公平绩效评价研究的必要性和存在的问题，借鉴空间正义思想，构建了城市公园公平绩效评价方法，并以重庆市中心城区为案例，对评价方法进行了实证检验，研究内容分为如下四个部分。

1. 城市公园公平绩效的基础研究

解析选题背景，提出本研究选题的必要性与紧迫性。梳理国内外公园公平绩效评价研究的特点与发展趋势，确定本研究的切入点。解析城市公园、公平、空间正义、规划评价、公共服务等相关研究概念。介绍空间正义的理论基础及其在城市规划中的应用，审视国内公园建设实践、公园公平绩效评价方法存在的问题，以及空间正义思想对这些问题的启示；为空间正义视角下的城市公园公平绩效评价奠定理论基础。

2. 城市公园公平绩效评价的理论框架与方法构建

首先对城市公园公平、城市公园公平绩效相关概念进行界定，介绍公园公平的内涵、分类、不公平的差异表现以及公园公平绩效评价的概念、目的、意义；其次，明确城市公园公平绩效评价理论框架的组成要素、评价指标；再次，确定公园公平绩效评价的价值体系，包括评价的价值标准、评价原则、评价要点；最后，基于空间正义思想和公园公平绩效评价的价值体系，构建城市公园公平绩效评价方法，详细介绍了三种方法的评价要点、评价流程以及拟解决的问题。

3. 城市公园公平绩效评价方法实证检验

以重庆市中心城区为研究对象，分别从不同评价要点、不同评价尺度（微观、中观、宏观），对构建的三种城市公园公平绩效评价方法进行实证检验。采用大数据、人口普查数据、调研访谈等多源数据，利用 GIS 空间分析、SPSS、STATA 等多种软件平台，引入剥夺指数、基尼系数等量化方法，揭示重庆市中心城区公园不同尺度、不同角度的公平问题，为城市公园公平绩效评价定量操作提供技术指引。

4.公平导向的城市公园优化策略

根据城市公园公平绩效评价方法的实证检验，得出重庆市中心城区公园规划存在的问题，提出针对性的优化策略。从修正方法、发展定位、游憩设施改善、网络体系营建、主体落实、规范完善等方面，提出重庆市中心城区公平导向的公园优化路径。

1.4.4 研究区域概况

重庆以大山大水著称，"一岛、两江、三谷、四脉"的自然山水环境构成了都市区独特的山水格局特征，山水与城市交融形成了"山城、江城、绿城"的地域特色。2015年区域范围内常住人口为370.30万人，人口密度为12447.1人/km²。截至2013年，重庆市主城区绿地率为29.14%，人均公园面积为4.61m²。

本研究的范围为重庆市中心城区，根据《重庆市城乡总体规划（2007—2020）》（2010年修订版），将两山（中梁山、铜锣山）之间的区域称为重庆市中心城区，范围为1062km²（图1-3）。重庆具有用地紧缺、高密度发展等中国城市普遍具有的显著特质，因此，以重庆市为研究范例，能够反映目前国内大多数城市公园建设的问题。

根据我国2017年新发布的《城市绿地分类标准》CJJ/T 85—2017，城市公园可分为综合公园、社区公园、专类公园、游园四类。采集对象为研究区内已建设完成的城市公园。公园数据来自《重庆市主城区绿地系统规划（2018—2035）》，重庆市主城区公园绿地面积为4550.39hm²，其中，研究范围内公园绿地面积4115.27hm²（图1-4），包括综合公园、专类公园、社区公园、游园四类共计335个，

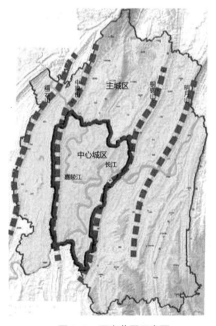

图1-3 研究范围示意图
来源：《重庆市城乡总体规划（2007—2020年）》

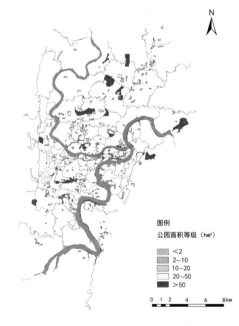

图例

公园面积等级（hm²）

  <2
  2~10
  10~20
  20~50
  >50

0 1 2 4 6 8km

图1-4 重庆市中心城区不同面积公园分布示意图

重庆市中心城区不同类型公园面积、数量概况　　　　表1-10

公园类型	面积（hm²）	占总面积比例（%）	数量（个）	占总数量比例（%）
综合公园	1122.78	27.29	35	10.45
社区公园	749.05	18.20	143	42.69
专类公园	1665.22	40.46	45	13.43
游园	578.22	14.05	112	33.43

约占重庆市主城区公园总面积的90%。

公园类型方面，如表1-10所示，研究范围内综合公园35个，面积1122.78hm²；社区公园143个，面积749.05hm²；专类公园45个，面积1665.22hm²；带状公园17个，面积251.12hm²；游园112个，面积578.22hm²。社区公园和游园数量虽占公园总数的76%，面积却仅占总面积32.25%。专类公园的面积占比较大，为40.46%。

1.5 研究方法与框架

1.5.1 研究方法

1. 资料收集与文献综述

本研究一方面对城市规划学科、地理学科领域的城市公园、公共服务、公平等相关文献资料进行了大量收集与整理，对国内外相关研究采用的数据类型、技术方法有了充足认知，建立了研究的技术框架；另一方面，从社会学领域广泛收集整理有关社会公平、公正、空间正义等相关文献资料，梳理该主题下国内外相关文献的前沿内容，以探寻构建本书的理论基础。

2. 定性—定量混合研究

本研究既重视数据、也重视文字资料，综合利用互联网地图服务数据、POI（Point of Interest）等大数据以及人口普查数据、问卷、访谈等多重方法，进行定性与定量混合研究。通过文献总结、问卷调查、访谈、观察考察等定性研究探寻、构建理论基础，通过SPSS、STATA等数理统计方法对定性调查的数据进行量化分析、检验理论，以实现对问题和现象的解释性研究，进而揭示各要素之间的关系，并最终提出解决策略，完成理论建构。

3. 空间分析法

ArcGIS为城市空间研究的可视化表达、空间关系的处理提供了十分有利的帮助。本研究将ArcGIS网络分析、空间自相关分析、核密度分析、地理加权回归等空间分析技术与SPSS秩和检验、主成分分析、相关性分析等数理统计方法相融合，探索城市公园属性及其公平影响因素的时空分异规律，将公园数量、面积、可达性、质量、服务弱势区域、服务压力、需求程度等重点问题可视化。

4. 跨学科研究方法

城市公园的公平绩效评价研究是一项融合了空间地理、社会经济、政治制度综合背景的论题，本研究综合运用社会学、地理学、行为科学等多个学科的理论与方法，打破将公园理解为单纯物质形态空间的局限性。结合社会学、游憩学、行为心理学等多种社会科学理论，关注公园使用行为、人群社会经济属性等非物质层面，从"社会—空间"融合视角剖析公园，以期更加全面、深入地分析城市公园的公平问题。

1.5.2 研究框架

本研究按照"基础研究—理论导入—方法构建—方法应用与检验—优化路径"的逻辑组织全文，研究框架如图1-5所示。

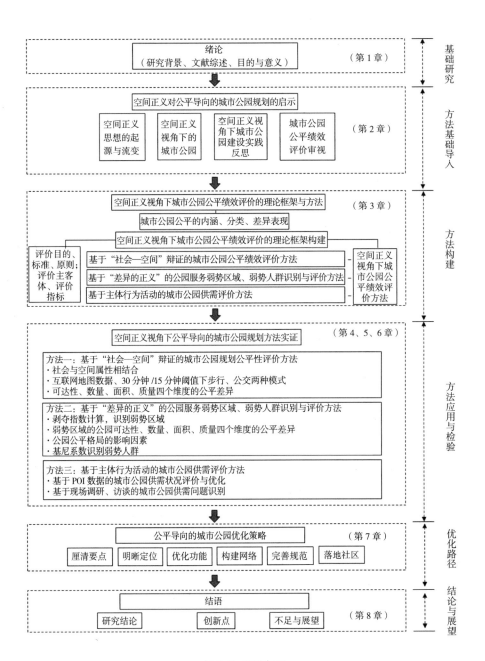

图1-5 研究框架

第 2 章
空间正义的理论基础及其对城市公园公平性的启示

2.1 空间正义的理论基础

2.1.1 空间正义的起源与发展

1. 空间正义理论的起源

"空间正义"是社会理论"空间转向"的产物，是社会正义的空间维度[124]。虽然有关空间正义的论述早在一个多世纪以前就已经出现，但空间正义话题的兴起却是在社会科学空间转向之后。

20世纪中后期，西方国家出现了空间剥夺与隔离、空间分层与极化、公共空间私有化、空间资源分配不公等一系列严重的城市危机，这些问题引发了学者们对空间领域广泛的关注和反思。一些学者开始认识到已有的社会正义理论难以有效解释资本空间生产带来的新问题，尝试以空间为突破口解释城市空间问题与资本主义城市危机之间的关系，将社会正义理论带入到空间生产的过程中，从空间维度认知和构建社会正义，形成了空间正义思想[125]。

与此同时，部分学者也深刻认识到过去社会科学中"空间"维度的缺失，认为过去大多把空间视为静止、容器的观念存在局限性[126]。如米歇尔·福柯（Michel Foucault）所言，"空间被视为死寂的、固定的、非辩证的、不流动的"[127]。列斐伏尔（Henri Lefebvre）指出："（社会）空间就是（社会）产物"，"空间不是被动的、消极的容器，不能把空间仅仅视为是物体或事件的发生场所，而非物体或事件本身"[128]。在福柯和列斐伏尔两位学者的思想引领下，费雷德里克·詹姆逊（Fredric Jameson）、爱德华·苏贾（Edward W. Soja）、

曼纽尔·卡斯特尔（Manuel Castells）等诸多社会理论家也开始了从不同角度对社会问题进入了"空间转向"的研究，将空间概念带回社会学理论的架构之中，以空间思维去审视社会；形成了地理学、社会学和人类学之间相互跨学科讨论[33]。

早期人们将空间正义与领地正义、环境正义、不正义的城市化等概念混合而谈。随着人们对城市化与空间生产理解的深入，空间正义直到近十几年才被作为专门的术语进行讨论。21世纪后，空间正义理论进入盛行时期，城市规划、社会学、政治学等多门学科的方法论被汲取进来，在西方都市研究、城市规划、政治学、文化研究等领域产生了重大影响。英国杜汉姆大学、纽卡斯尔大学和美国的佛蒙特大学等著名学府中甚至将空间正义作为专业课程，如"社会幸福与空间正义"（Social Well-bing and Spatical Justice）、"社会排斥与空间正义"（Socail Exclusion and Spatial Justice）等。空间正义理论为西方国家的都市福利差异、分配不公、阶级区隔等诸多社会问题研究提供了富有成效的思路和方法。

2. 空间正义思想的流变

空间正义最初概念化起源来自英国的城市设计者布莱迪·戴维斯（Bleddyn Davies），1968年他提出"区域正义"（Territorrial Justices）的概念，即不同区域地方规划设计者的各类投资行为和规划目标不仅要考虑人口规模，还要考虑公众服务的社区需求。随着区域正义概念的提出，西方后现代的诸多大师基于"正义"的"空间"维度视角，对不公正的地理研究和非正义城市化的批判与

理解逐渐深入，空间正义思想脉络越来越清晰与丰满，具有代表性的如列斐伏尔、大卫·哈维，以及爱德华·苏贾，他们专注于度量、描述和理解社会不正义和不公平的地理形态，产生了一系列揭示空间生产机制和空间资源配置的理论学说。本书重点对空间正义思想的三位主要代表人物（列斐伏尔、大卫·哈维、爱德华·苏贾）的观点进行介绍，揭示他们理论之间变迁的连续性，呈现他们在空间正义认知上相对一致的思想特征。

1）列斐伏尔

列斐伏尔，法国马克思主义批判哲学家，是推动社会科学实现空间转向的关键人物。他提出"（社会）空间就是（社会）产品"的观点 [129]，认为空间既是社会生活的介质又是其产物——"空间里弥漫着社会关系，它不仅被社会关系支持，也生产社会关系和被社会关系所生产" [130]，呼吁关注的焦点应从空间中事物的生产转变为空间本身的生产。

此外，列斐伏尔扭转了传统社会科学对时间和历史偏好以及对空间的忽视，强调空间的主客体统一和社会—历史—空间的辩证。1974年，列斐伏尔在其新出版的《空间的生产》（ *The Production of Space* ）一书中，从空间、时间、社会三维视野提出了"三元辩证法"的空间理论，形成了对马克思社会空间批判维度的有益拓展。列斐伏尔"城市权利"的观点为空间正义理论注入了生命活力。其核心观点为，城市日常生活的畸形运作是致使城市空间中不公正的社会资源分配的原因；呼吁寻求城市生活的回归和再造 [131]。列斐伏尔主张的城市权利，不仅是公民进入城市空间的权利，更重要的是进入空间生产过程的

权利，使得城市空间的变革和重塑能够反映公民的意愿与呼声。

列斐伏尔的城市空间理论在社会现实空间问题与马克思理论紧密结合下，推动了马克思主义理论的发展和社会科学的空间转向，对大卫·哈维、福柯、爱德华·苏贾等形成了深刻影响。

2）大卫·哈维

大卫·哈维作为空间正义理论的重要开拓者，在受到列斐伏尔空间生产批判思维影响下，将资本批判作为其空间批判的重要维度。他在《社会正义和城市》（ *Social Justice and the City* ）一书中，通过对资本主义条件下城市化进程的研究，阐述了城市空间形态与城市地理、资本主义社会经济发展之间的关系，开创性地将"社会正义"纳入空间分析视域，认为不仅需要关注分配的结果，还应重视公正的地理分配过程。

哈维建构的空间正义对"普遍主义正义论"和"特殊主义正义论"进行了辩证思考。在《正义、自然和差异地理学》（ *Justice, Nature and the Geography of Difference* ）一书中，哈维对西方已有的各种正义理论进行回顾，从古典正义理论到近代功利主义正义论再到当代自由主义正义论，认为各种正义理论的观点虽不同，但它们预设的正义原则都是针对普遍性的一元价值论。"这种本质主义的正义一元论强调正义价值的绝对性和标准化，由于忽视了正义原则的多元表现而陷入独断主义，而特殊主义正义论强调正义的相对性，鼓励竞争和差异……" [132] 哈维基于对"普遍性"的质疑提出了"特殊主义正义理论"，认为并不存在可以直接依赖的作为规范概念

的普遍正义，正义必须与特定的文化共同体的实践相联系。在对"普遍主义正义论"和"特殊主义正义论"二者思辨基础上，哈维提出当代空间正义应当建立在包容差异的基础上，不是要消除、同化差异，而应该尊重差异，尊重不同的阶层、种族、性别的空间权益。

3）爱德华·苏贾

爱德华·苏贾在传承和借鉴福柯、利奥塔（Jean-Francois Lyotard）、哈维、列斐伏尔等前人研究的基础上，建构了自身独特的社会批判理论，在他看来，"遮挡我们视线以致辨识不清诸种结果的，是空间而不是时间"[133]。苏贾的空间思想主要有："社会—空间"辩证法、"第三空间"论、空间正义论，其思想的发展脉络呈现出逻辑递进的路径。

苏贾的空间批判理论主要是针对19世纪的历史决定论和社会理论"去空间化"的质疑。他在继承列斐伏尔"空间生产"理论的基础上提出了"空间性"的概念，认为"空间"（Space）是权力筹划和支配下的被动的静止的结果[134]，而"空间性"（Spatiality）则是社会化的空间被建构的过程，具有动态性，凭借"空间性"这一核心概念，苏贾把空间、时间和存在的物质性综合起来，构建了"社会—空间"辩证法，力图表明空间性既是一种社会产物或结果，又是社会生活中的一种建构力量或媒介。此外，苏贾的"第三空间"理论摒弃了以往只以历时性和社会性维度对社会进行考察的模式，呈现出一种将空间性维度注入历史性和社会性维度中的新的思考模式[135]。在"社会—空间"辩证法的本体论和"第三空间"认识论的理论基础上，苏贾对都市空间正义问题展开了研究，认为空间

正义不仅仅是一个理论化的概念，更是一种战略性的社会和政治行动。在《寻求空间正义》一书中，他阐述了空间正义的概念、内涵，批判了后大都市空间的非正义现象，并提出实现空间正义的路径对策。强调"空间正义"不是"空间中的社会正义"的简单叠加与缩写，而是从地理学与空间维度来辨识和构建正义，即正义的空间性；既要重视作为表象的空间分配平等，也要注重生产不正义结果的空间化过程，以及被生产出的空间对于经济、社会的意义[136]。

3. 空间正义在城市规划中的应用

1）空间正义在国外城市规划领域中的应用

纵观西方空间规划的历史，可以明晰地辨识出空间正义思想在国外城市规划领域中的发展轨迹。霍华德（Ebenezer Howard）的"田园城市"思想，从城市规划角度提出了城市与乡村空间公平的理念。随后，美国学者迈克尔·J. 迪尔（Micahael J. Dear）通过对洛杉矶城市规划的解析，对列斐伏尔等人的空间本体论、空间生产论的理解分析，提出了在空间生产的过程及空间管理、实施中，空间的公平分配意义重大，引导后现代主义城市空间规划关注公平问题[137]。英国规划师科洪（Colquhoun）将城市空间划分为"建成空间"（Built Space）和"社会空间"（Social Space），多次提出城市的空间公平分配问题应纳入到城市规划的考量范畴[138]。

然而，空间正义纳入城市规划研究视野，是由于马克思主义理论与城市现实问题的融合。第二次世界大战到20世纪60年代，西方社会专注于物质形态规划，快速的城市化

涌现出诸多空间剥夺、空间隔离、社会排斥现象，此前追求效率、利润和理性的城市规划理论已无法应对这些城市危机，引发了社会各界和学者们的广泛关注和反思。20世纪70年代之后，西方城市规划领域把关注点从物质形态的空间转移到了对空间利益的争夺和归属上，即关注空间背后的内容[139]。学者们从不同视角探究马克思主义理论，力图从中获取解释分析城市现实问题的思想和理论。

2）空间正义在我国城市规划领域中的研究动态

20世纪90年代中期后，中国城市规划领域的公平问题日渐凸显，社会矛盾、城市问题浮出水面，城市规划中的空间非正义现象、空间利益不均衡问题成为不可回避的难题，空间正义思想开始在国内受到重视。

自任平2006年最早正式提出我国城市空间发展的空间正义问题后，国内学者相继对我国城市空间生产与发展的非正义现象进行了批判，在西方国家经验基础上，对城市居住空间分异[140-141]、城市更新的非正义模式[142-143]、城乡发展不均衡[144-146]等城市问题做了许多研究，从宏观与微观等多层面构建了我国空间正义的实施路径。2007年的中国城市规划年会上，多位专家围绕"社会公平视角下的城市规划"进行了讨论，这是国内最早对社会公平和城市规划进行深刻讨论的文章。国内有关空间正义的著作也开始相继涌现，如胡毅、张京祥所著的《中国城市住区更新的解读与重构——走向空间正义的空间生产》、张天勇、王蜜的《城市化与空间正义——我国城市化的问题批判与未来走向》。

综上，国外空间正义在城市规划领域的研究成果较为丰富，城市规划正潜在地沿着空间正义的轨迹发展，空间正义、城市权利已经成为城市规划研究与实践的重点问题。在国内，从空间正义的角度切入城市规划的研究已经起步，城市规划中空间正义意识也开始萌芽发展。国内学者对城市空间正义问题的研究起步较晚，存在"重批轻立"现象，空间正义对中国城市现实空间问题的启示与实践意义还有待进一步深化。此外，尽管"空间正义"这一思想理论是在对西方资本主义城市空间中的不正义问题进行批判与研究中形成和发展起来的，但是其正义伦理与我国新型城镇化、"人的城镇化"发展思路不谋而合，无疑将为我国新型城镇化的空间利益分配和平衡提供宝贵的理论与实践借鉴。空间正义思想在很多城镇空间议题如公共空间、公共服务、城市贫困、城市更新等方面均有启示意义，其在中国特有城镇化背景下的研究广度与深度还有很大空间。

2.1.2　空间正义的主体理论

1. 社会空间的辩证统一

空间正义将空间与社会视为一体，揭示社会与空间生产过程中不同空间尺度（身体、小区、社区、街道……全球）、不同领域（资源、土地、环境、性别等）存在的差别及这些差别所引发的空间不平等，并力图通过实践活动改变不平等。在空间正义思想的发展过程中，初步形成了"社会—空间"和谐与均衡的价值共识，为城市社会公平、空间正义的深入研究提供了理论和实践基础，其中最能体现这一思想的是社会—空间辩证法（Social-

Spatial Dialectics）。社会—空间辩证法强调社会、空间与时间的两两交互，最终形成三元辩证关系[147]（图2-1）。

社会—空间辩证法理论向我们展示了空间具有三重特性，不仅具有社会再生产功能，也具有建构社会的能动性。空间的边界性特征（不仅表现为物质性界限，更重要的是通过法律、规范或行政、暴力手段维系的身份识别）成为权力作用的保障，形成由某些群体垄断的排他性空间[148]。当这一空间被赋予公共属性时，其在社会阶层的身份构建、社会排斥等不平等关系的作用过程中，将产生更为广泛和深刻的影响。如20世纪中期，欧美国家由于公共住房品质较差所引起的贫困循环现象（图2-2）。

2. 差异性正义

空间正义是指社会应保障公民不分贫富、种族、性别、年龄，在空间生产关系中，都具有自由选择、机会均等和全面发展的权利。确保弱势群体生产和发展不受剥夺和侵占，避免弱势群体沦为空间规划与重塑的牺牲品。

苏贾《寻求空间正义》[136]一书中对罗尔斯自由平等正义观的批判、艾利斯·马瑞恩·扬提出的"差异政治"正义论，彰显出空间正义思想对"差异性正义"的认知与肯定。他们提出正义理论应该更多关注边缘与弱势人群的利益，强调尊重差异和多元化，认为差异正义不是消除差异，而是通过价值指引和制度安排，谋求多元利益群体空间之间的"重叠共识"或"交叉共识"，维护不同社会主体公平享有空间资源和空间产品的权利。

3. 以人为中心，关注日常微观生活

空间正义思想认为城市是生活在其中的居民的日常行为和工作造就的作品（产品），空间非正义产生的最终根源是资本积累造成的空间物化与人的需求、发展的矛盾。提倡既要从社会空间、自然空间的角度去关注与探讨建构城市秩序和空间正义的动因，也要从主体性视角出发，关注空间范畴内主体的存在意义。

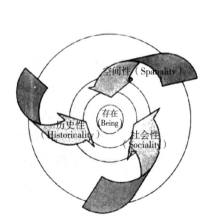

图2-1 苏贾"社会—空间辩证法"图式

图片来源：叶超. 社会空间辩证法的由来 [J]. 自然辩证法研究，2012（2）：56-60.

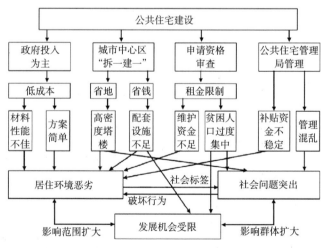

图2-2 空间具有构建社会的能动性——美国公共住宅建设与城市社会问题的恶性循环

图片来源：刘佳燕. 规划公正：社会学视角下的城市规划 [J]. 规划师，2008（9）：5-9.

主张从人的生活出发去理解生产活动，离开主体的需要和发展的空间生产，其实施的意义是有限的。强调主体性和日常生活视角，即以人为立场，关注底层群众的微观生活，将研究正义的价值基点转向了微观的世俗生活领域，把世俗生活作为正义的重要来源[149]。

2.2　空间正义视角下的城市公园特征解读

2.2.1　属性特征——种城市权利

根据哈维在《希望的空间》一书中提出的人类拥有的 11 种普遍权利，城市公园等绿色空间赋予居民至少 3 种权利：生活机会的权利、体面与健康生活环境的权利，以及空间生产的权利[18]。能够近距离免费享有一处休闲游憩的城市公园，已成为人们普遍认知的一项公民的基本权利。追溯中西方城市公园的产生与发展历史，可以发现城市公园是不同意识形态、政治力量博弈互动的产物，是一种城市权利的变迁与争夺过程。

1. 城市公园的产生——从自然的角度解决城市、社会问题

1）西方国家公园的源起

从西方国家公园发展历程中可以发现，城市公共健康问题的爆发是迫使城市公园出现的直接原因，在某种意义上，公园是资产阶级监督并规范无产阶级健康、行为的重要公共空间[150]。

19 世纪，西方的工业革命和城市化导致很多公地、空地、草地被工厂侵吞，普通民众的户外活动空间被压缩。从恩格斯的《英国工人阶级状况》中可以看到英国工人阶级的居住状况、工资收入等令人发指的生存状况。人口拥挤、贫民窟条件恶劣、工业污染而导致道德崩溃、疾病、瘟疫，以及大量的人口死亡。对此，很多知识分子予以关注，为底层提供休憩娱乐的公共空间成为应对解决这一问题的共识，认为公园有助于培养社会底层阶层的"理性品格"。

19 世纪 30 年代，英国政府成立了公共步道特别委员会（Select Committee on Public Walks）。该委员会经过调查，认识到大量城市贫民对公园的需求最为迫切[151]。公共步道特别委员会认识到公园对民众生理、道德、精神、政治等方面的益处以及修建公园的必要性，如公园可以让工人们锻炼身体、增强体质；为人们提供亲近自然的机会，在公园里，人们普遍衣着得体，即使身处底层也会由此赢得一定的自尊；而随处可见的小酒馆则让工人们沉沦。尤其是在宪章运动之后，富人和中产阶级发现，为了避免社会革命和社会秩序的动荡，必须确保穷人拥有像公园这样可以休息、放松的公共空间福利，尽管这种福利并不能缓解其生计上的艰难，但却在某种程度上"让无产者成为好像是有身份的文明人"，让他们"更加幸福"，最终目的则是维护社会秩序，保证富人的财产安全和生命安全[152]。在此后的 19 世纪中期，英国出现了较大规模的造园运动。与此同时，公园作为近代欧美文明自我觉醒和救赎的产物，在美国、法国、日本等国家也掀起了建设浪潮。

在福柯看来，尽管很多公园的确出自富贵阶层的慷慨捐献，西方国家城市形象和城市规划的改变或许并非出自富人对穷人的人

道主义之怜悯，而是权力功能发生变化的结果[150]。福柯认为，从 18 世纪开始，整体国民的健康和疾病问题出现，使得国家政治权力的功能相应地发生了重要的、根本性的变化；如果说，之前政治权力的核心是"战争的功能和和平的功能"，那么在 18 世纪，权力又增添了一种新的功能，即"将社会作为保健、健康以及理想中的长寿的背景环境加以处置的功能"[153]。

2）城市公园在中国的源起

中国现代意义上的公园，是近代由西方传入中国的新型社会公共空间理念，也是城市发展的新产物。最早一批公园是出现于沿海开埠城市的租界公园，如虹口海大道花园（1880 年）、天津维多利亚花园（1887 年）、上海昆山公园（1895 年）、虹口公园（1909 年）等。西方列强建造租界公园一方面出于满足本国在华殖民者的休闲需要，另一个目的则是实现对中国国民精神的殖民，通过"华人无西人同行、不得入内""华人与狗不得入内"等入园限制及公园空间结构、景观设计表达殖民者的权力意志，传输了殖民者的文化优越感。此举激起了国人的抵抗与民族自尊，在 19 世纪末 20 世纪初，公园成为中西社会冲突的一个聚焦点。

外国殖民势力的入侵以及社会贤士的奔走呼告，激发了当时中国社会政治和文化领域的急剧变革；公共空间的匮乏以及封建政权的内敛封闭，引起市民阶层的广泛不满，为了调和与民众间的紧张关系，清政府提倡出资修建公园。1906 年，端方、戴鸿慈等最后一批出洋考察大臣回国后奏请设立图书馆、博物馆、动物园、公园等四项文化设施，以

"开民智""化民俗"，是中国官方普及公共文化设施迈出的第一步[154]。

综上，从城市公园的起源来看，公园是民主和社会发展的产物，公园产生的动因、发展动力和城市化进程密切相关。产生与发展的主要动机是希望通过自然媒介来解决城市与社会问题，其存在的本质意义是为民众提供一个开放包容、平等交流的休憩场所，一个民众与社会价值相联系的介质。

2. 城市公园的发展——一种城市权的争夺与变迁

西方近代城市公园与现代公共空间意义相近，具有公共空间所具备的物理属性与社会属性。纵观西方城市公共空间的发展演变历史，是西方社会价值观转变的空间缩影，投射出西方社会文化信仰和政治理念的历史变迁。西方城市公共空间经历了公民的空间、贵族的空间、神权的空间、君权的空间、前市民的空间、资本的空间、市民的空间七个阶段[155]（表 2-1），实现了人文主义"失落"到"复兴"的转变。权利分散、社会公正是西方城市公共空间人文主义复兴与回归的关键。

从 17 世纪开始，西欧城市的林荫道和游乐场等，都是供贵族漫步、聚会和交流的场所，普通民众不得进入。到了 18 世纪，公园的公共化初现端倪，很多贵族公园开始向公众开放。在公园公共化的进程中，外在表现为人居环境的恶化，出现城市病，大众健康遭到威胁。内部驱动实则是广大中产阶级和无产阶级的崛起，他们在一定程度上导致了城市社会秩序的重组[156]。

1858 年，美国景观设计学奠基人奥姆

西方城市公共空间的演进特征[155] 表2-1

阶段	服务对象	空间特征	政治背景	对人关注的程度
古希腊时期	公民	日常交往、政治活动	相对公正平等	关注人的物质性和社会性
古罗马时期	贵族	统治阶级权威的象征	奴隶制形成，平民不得进入	关注人的物质性
中世纪时期	神	超越人的尺度，为宗教服务	宗教，神权统治	不关注人
文艺复兴时期	市民	满足市民生活、学习，行会管理，规模较小	资产阶级崛起，市民文化萌芽	关注人的物质性和社会性
绝对君权时期	君王	强调空间结构和秩序，彰显君权威严	君权占绝对统治地位	不关注人
工业革命至20世纪60年代末	资本家	促进城市扩张，是资本家积累资本的辅助工具	资本家积累资本、扩大再生产	不关注人
20世纪70年代至今	市民	市民休闲娱乐、社交、公众参与的场所	城市政治格局多元化，公平正义成为关注的焦点	关注人的物质性和社会性

斯特德（Frederick Law olmsted，1822~1903）基于"贫困的人们能够变得高尚而优雅，不同等级和阶层的人们能够和平共处"的设计理念，主持修建了纽约中央公园（New York Central Park）。作为世界上第一个现代意义的城市公园，纽约中央公园极大地凸显出公共性特征，倡导公园不再只是供上层社会享受的奢侈品，而是城市公众皆可公平共享的空间。它的出现推动了西方其他国家城市公园运动，也标志着城市公众生活景观的到来。纵观西方公园发展，从少数贵族独享到市民共享，其发展历程是社会公平思潮在城市空间的映射。

反观中国，公园发展同样体现了权利变迁的历程。民国时期的公园建设，一方面是治理公众卫生、公众道德的途径；另一方面，也成为政府宣扬国家观念、培养民族主义、教化民众以实现其治理目标的教育场所[157]，通过公园这一空间将国家认同、政府意志等意识形态渗透公众精神之中。最有代表性的

是全国大量兴建的中山公园，有学者统计民国时期全国（包括光复后的台湾）大致建有267座中山公园[158]，是世界上数量最多、分布最广的同名纪念性公园。这印证了福柯的"空间是权力运作的基础"以及列斐伏尔的"空间一向是被各种历史的、自然的元素模塑铸造，但这个过程是一个政治过程，空间是政治的、意识形态的，它真正是一种充斥着各种意识形态的产物"[159]的论述。

随后，国内恶劣的环境与国民不健康的生活方式引起了社会贤士的关注，公园由寄托政治诉求的空间向健身休闲的场所转变，公园的公共性一步步加强。如当时民间流传的对北京城的描述——"无风三尺土、有雨一街泥，西北风一刮，沙起地搬家"。留英归来的工程师吴国柄被人们"终年不出庭户""抽鸦片、打牌，白天睡觉，甚至春、夏、秋、冬四季都不晓得"[160]所震撼，据《成都市市政年鉴》（1928年）记载，成都市民"或终年不出户庭，如郊外之名胜，私家之园林，

非因令节，绝难往顾，是以相聚烦嚣，病疫出时，卫生之道既乖，人民之体质日弱"。各阶级生存状态差异显著，相互隔膜，缺乏共处与沟通。

由此，吴国柄指出，当务之急是"先要百姓出来见天日，过有太阳的生活"，提倡通过修建公园，让人民亲近自然，提振健康。他规划主导建设的汉口中山公园内设计有儿童运动场、游泳池、足球场、网球场等各种运动场地，还配备了看台、休息室和男女西式、中式厕所[161]。体育场地在公园中的开辟，为中国近代公园区别于传统园林形态提供了更具社会意义的解释，公园的功能与形态也越加符合时代的需求。在此阶段，中国公园才真正与西方公园在建设初衷上得到统一。

综上，公园的发展是不同意识形态、政治力量博弈互动的产物，在这个多功能的公共空间里，"流淌着市民日常生活的细节，也孕育了社会变迁的种子"[162]。公园的使用者也绝非被动的消遣者，他们与社会政治、社会空间长久互动，公园的发展反映出一部动态的社会史。公园发展历程是城市中下层力量逐渐崛起的过程，也是对城市权争夺的过程，其结果是公园的公众性不断增加、舆论影响不断扩大，从而成为真正的公共空间。

2.2.2 内涵特征——"社会—空间—人"互动的媒介

1. 内涵一："社会—空间"互动的综合体

自 1919 年哈布瓦赫（Maurice Halbwachs）提出"城市空间现象与城市经济和社会活动存在着某种关联"以来，学者们对城市空间与社会的研究不断深入，以列斐伏尔和卡斯泰尔为代表的法国社会学家把"空间与社会"的关系置于整个资本主义生产背景下来审视，拓展了人们对城市物质空间认识，使得社会学纳入空间学科的研究视野中。

如同其他城市空间，城市公园是"空间"与"社会"的融合体。作为一种"自然空间"，公园被视为一种"容器"，可以被人类实实在在地感知与触摸。公园同样是一种社会产品，无时无刻不被人类的活动渗透与影响、改造，所以公园空间无形中也蕴含着某种社会意义，被深深地烙上了社会属性。

公园的发展可以被看作一部动态的社会史，从中解读出时代的政治背景与社会意义。如美国学者盖伦·克兰茨（Galen Cranz）的《公园设计中的政治：美国城市公园的历史》（The Politics of Park Design：A History of Urban Parks in America）一书，分析了美国不同阶段公园建设的政治与社会含义。美国东北大学历史学教授托马斯·黑文斯（Thomas R. H. Havens）的《公园景观：现代日本的绿色空间》（Parkscapes：Green Spaces in Modern Japan）一书中，通过空间研究的历史学视角，把历史学家关注的"时间"和地理学以及设计领域（规划、建筑、景观等）关注的"空间"结合起来；分析历史上与公园发展有直接关系的种种政治事件、社会文化运动、政策立法活动。他通过对日本公园发展历程的梳理，揭示政府与民众的关系、人类与自然环境的关系，以及日本与外部世界的关系，对这三组关系进行剖析总结。黑文斯认为：公园是现代日本"国家形成的媒介"，是人类文化与自然环境之间交互的界面；是政府与民众交流的媒介，同时也是两者矛盾发生的场所[163]。从托马斯·黑文斯的著作中，我们可以发现，空间是历史的产物，它的建构既是政治的也是文化的，公园发展史反映了一个国家、城市的社会发展与政治、文化背景。黑文斯以小"公园"这一视角切入，折射出日本国家成长历史、社会与文化发展历史的宏大背景。

综上，公园不仅仅是一个"自然空间"、一个静态的景观，更是社会与空间相互作用的综合体，是一种社会空间在广阔的政治、社会、文化背景之中，建造者、使用者通过自己的方式不断地定义着、争夺着、协商着的空间[164]。它印证了列斐伏尔提出的"空间生产"观点，即空间不仅是社会生产的一个产物，也是社会关系重组与社会秩序构建的一个过程；空间不是被动地反映城市政治经济、历史文化演变，而是形成演变，甚至是孕育和激发下一次演变的直接参与者。

2. 内涵二：连接人与社会范式的介质

空间对于人类主体来说，是一种天然的情感与认知纽带，空间的构造、体验能够在很大程度上对个人生活和社会关系进行塑造。人们可以从身处的空间来考察主体的社会行为与活动意义，透过空间模式来分析社会价值、社会关系。如20世纪初，美国政府对公共空间以及基础设施投资不足，引发了诸多城市社会隔离等社会问题，其后政府以公共空间为突破口，采取一系列举措提升公共空间的可达性、开放性、包容性，在一定程度上增强了各种族的交流与归属感、凝聚力，通过公共空间这一介质引导社会融合问题已成为西方国家的共识。

城市公园是连接城市与人类活动的自然纽带，它满足了不同阶层在生活、交流与游憩休闲方面的需求，为社会和谐奠定了基础。①城市公园具有"载体"属性，是实现主体社会价值的工具、手段、方法和环境基础。城市公园等公共空间如同社交媒介，为所有人免费开放，提供展示自我、交流、参与的空间场所，从某种程度上，它是互联网虚拟世界交流平台在真实世界的延续与补充。②公园具有"渠道"属性，是指公园等公共空间采取尽可能多有形、无形的连接方式为人们不同的参与行为提供整合，以满足不同使用者的需求；有形的连接渠道包括设施、构筑物、场地等，无形的渠道指互联网技术、社交媒体等技术基础。公园的渠道属性通过物质与非物质要素使人与群体、空间产生联系，为人与群体、人与物理空间构建纽带。

综上，公园的载体、渠道属性体现了它作为一种社会介质所具备的交流性、开放性。这种介质所具有的双向连接、传播和反馈性，连接了人、群体、物理空间，是空间的活动主题与社会价值产生关系的桥梁，将不同人群引入同一空间场所内，承载他们的行为，同时对人们的思想、行为方式产生潜移默化的影响。

2.2.3 价值特征——平等、人本、包容差异

1. 平等性

平等性是空间正义的首要伦理诉求。包含以下两个层面：一是具有社会价值的公共资源与服务在空间上分配的均等性，任何人都有权使用或消费公共资源。二是对弱势群

体的公平性，满足弱势群体的基本需要，保证弱势群体最基本的尊严和自由选择的权利，对弱势群体做有利的不平等安排；缩小不同人群在空间利益享有上的差异。

城市公园的平等性表现为城市中所有的人，不论阶层、男女老幼、种族、信仰、职业，均具有享受城市公园服务的权利；城市中不同地区的城市公园配置不应有差异。以空间正义为导向的公园供给，能够更好地平衡公园资源与居民需求之间的关系，让公园的生态、健康、景观、社交服务功能惠及各类人群，减少公共健康的差异，促进环境的可持续发展。

2. 人本性

人文关怀是空间正义的内在追求。城市空间的人本性伦理表现为：城市空间从本质上应该就是以人为本的生活物质基础。西方学者对空间正义的研究无一不把人与空间联系起来，强调正义的属人性，是对人的生存方式及社会关系是否合理的追问。

基于空间正义视角的城市公园人本性表现为尊重人的需求，以再现和重塑多样性的城市生活为导向，从居民日常生活逻辑入手，切实分析居民的公园使用需求，以"需求导向"来指引公园布局与规划建设。

3. 包容差异

空间正义强调不仅要平等，还要认识到社会的差异性。追求空间正义不是消除、同化差异，而是承认、尊重差异性。一方面，不歧视各社会主体，使得不同的社会群体公平、合法地享有空间资源，实现基本利益的公平；另一方面，认识到社会文化、空间形态、人文需求的多样性与异质性，实现平等原则

与差异原则的兼顾。

基于空间正义视角的城市公园尊重差异表现为改变以往将各尺度城市区域视为"均一的空间"、将人群视为"均一的人"的思路，在社会空间分异和社会群体分化的现实特征上，切实考虑社会经济属性、身体（健康）状况、性别等差异下，关注不同人群，尤其是弱势群体的公园享有是否公平。

2.3 空间正义视角下城市公园建设实践反思

2.3.1 问题表征梳理

公园规划的前瞻性、合理性直接关系到公园的服务效率。然而，当前城市公园等公共空间的建设遵循"效率至上"的发展思路，空间资源的分配、交换和消费以资本逻辑或者接近资本的逻辑运行，空间的价值衡量、交换以资本为衡量尺度，导致城市公园等公共空间供给呈现出诸多空间非正义现象。

基于空间正义的内涵阐释，诘问过去"经济导向"的城镇化过程的公园建设，会发现城市公园建设因为多方面原因，出现了空间正义价值取向与制度条件的缺失，主要表现在以下几个方面：

1. 公园空间的侵蚀与资源剥夺

改革开放后，在城市土地有偿使用制度背景下，土地成为极具经济价值的稀缺资源。政府的土地批租制度、开发商的资本逐利行为加剧了城市建设的"圈地运动"。以城市公园为代表的开放空间因其优越的自然环境，在开发的过程中，过于夸大"谁购买谁享有"

的市场经济原则下，公园成为各种高档住区"水泥森林"的繁衍之地，城市公园等优质景观资源在规划实践中表现出过度资本化、空间蚕食侵占等种种非正义现象。

空间非正义是资源配置在空间层面的非公平性表现，城市中最优势的资源在利润尺度下被"分配"给资本最雄厚的有权者或者强势者，而弱势群体则难以获得较好的空间资源。例如诸多高级居住小区往往占据优越的生态环境，通过规划用地划分、围墙、保安、门禁系统一系列有形与无形的隔离，将高质量山体、绿地、滨水景观等原本属于大众的空间纳入囊中，成为有钱人的专属物品。图2-3为玉溪市鸟瞰图，周围掩映在城市边缘郁郁葱葱树木之中的别墅群是玉溪市红塔集团的家属区，与密集、拥簇的中心城区形成鲜明对比。

开发商为了获取自身利益，野蛮圈占好山好水的现象在国内各省市也频频可见。如秦岭北麓西安境内违建别墅事件，素有"国家中央公园"和"华夏龙脉"之称的秦岭，被大面积违法开发成为少数人群的别墅用地（图2-4）。2012年3月29日《人民日报》报道的武汉沙湖事件。规划未建的武汉沙湖公园被填湖造房，上万亩湖面缩至119亩（图2-5），沙湖从波光袅袅、风光秀丽的"水晶湖"，变成了微缩的"城市之泪"。1986~1995年的9年间，素有"千湖之城"美誉的武汉境内68%的湖泊被转变成城市建设用地。徜徉城市中，除了东湖、严西湖等几个面积较大的湖泊仍然可见可赏外，普通百姓在公共空间中很少能欣赏到湖景风光。其中一个重要原因就是"围湖造房"，本应是公共资源的湖泊成了部分富人的独享风景，其背后隐喻的是公众利益的被侵蚀和公共利益的弱势。

2.门禁社区背后的公园资源不共享

门禁社区是以私有产权为基础，以"法

图2-3　玉溪市红塔集团别墅区与中心城区呈现出显著的差异化

图 2-4　陕西秦岭北麓违建别墅

来源：http://www.sn.xinhuanet.com/2018-12/14/c_1123836700.htm

图 2-5　规划未建的武汉沙湖公园被填湖造房：万亩湖面缩至 119 亩

来源：2012 年 3 月 29 日《人民日报》

律契约"作保障，通过空间界面的封闭性及管理的排斥性，将住区内的公共空间彻底私有化，仅供业主使用[164]。由于其现代化配套管理、高绿化率和优质景观大量出现在我国社区中，目前中国 80% 的城市新建社区都采用门禁社区管理模式。我国当代门禁社区普遍推广的原因，一方面是城市转型与社会经济巨变过程，使得人们产生不安全感；另一方面则是地方政府对公共服务的投入不足背

景下，使得人们对"俱乐部"形式的公共空间需求加剧，市场自发提供公共物品的结果。

有学者指出，中国目前的城市形态可以比喻为被道路串联起来的孤立岛屿，这种物理分割的外在表象下，映射的是城市社会空间分异和贫富差距等社会问题。城市绿地作为建成环境的重要组成部分，其在门禁社区影响下的破碎化也显而易见，各个居住区绿地成为一个个封闭的孤岛，城市内原本大面积的块状野生绿地被一点点切割成破碎的、孤立的、小面积的绿岛，造成绿地系统链条的缺失与分隔。

就城市绿地的供给而言，门禁社区也表现出其两面性，一方面，我国门禁社区的发展提升了城市绿地与游憩空间的供给量与多样性；另一方面，以门禁社区为空间载体的公园、游憩空间无法使所有城市居民受益，因为有门禁系统，业主可以满足独享优越环境的需要，并由此得以和其他人群在空间上形成区隔，具备一定的排他性。城市优质空间成为某些群体的专属，居民的日常社会生活空间被孤立化，城市公共生活从住区社会空间中逐步撤退，促使人们长期局限于狭小的住区内部空间，公民意识、社会责任、互助共享等观念被削弱。

3. 公园布局与居民日常游憩需求存在差距

政府主导下的公共空间生产体现出强烈的权力意志，出于政绩、形象、产业拉动方面的考虑，我国许多城市地方政府倾向于修建大型公园、广场，大型场地的决策实施相对简单易行，同时可以大幅提高生态城市、园林城市中的绿地量、人均绿化指标。巨资

投入修建宏伟的政府广场、公园，各种符合政绩需求的面子工程既浪费了公共资源，又与居民实际需求相脱节，沦为少数人展示权力与个人成果的平台。与居民日常生活最为贴近的社区公园、游园等，由于尺度较小、政绩和城市形象不易见成效、用地性质多样化、用地产权纠纷较多等问题，在城市建设中往往难以推进。

此外，诸多城市公园成为产业引导、人口流动引导、地产升值的主要动力。以北京市为例，截至 2010 年公园总数达 339 个，其中城市公园 313 个，森林公园 24 个，湿地公园 2 个，国家级重点和市级重点公园 46 个[165]。城市公园在地域上主要分布于西、东、西北、东北方向附近，呈现出不均衡的发展趋势。这一趋势主要受到国家及城市重大事件、城市发展政策等影响，公园建设更多地出于引导城市产业和人口流动的作用，而非出于满足居民休闲需求的目的。

国内城市公园长期沿用"人均公园面积""300 米见绿，500 米见园"等指标作为建设指导，这些量化指标虽能提供一定的科学指导、清晰表明公园规划的目标愿景，但对公园的使用主体——人的需求、行为活动、可达性方面的考虑较为欠缺；对"人""使用价值"的关注存在缺失。在物的单项思维模式与欧式距离可达性的指导方法下，许多设计精巧的公园沦为街面装饰的"橱窗"。如上海浦东陆家嘴商务区的中心绿地（图 2-6），在平面图纸表达与理论计算上，貌似具有较强的可达性与服务功能，但现实中它被多个车道、地下通道割裂，周围被功能单一的摩天办公楼团团围住。澳大利亚规划师理查

图 2-6　上海浦东陆家嘴商务区的中心绿地
来源：http://health.hebei.com.cn/
system/2015/03/26/015190393_12.shtml

德·马歇尔（Richard Marshall）认为尽管它的平面看上去好像是纽约中央公园那样的社交场所，但实际上不过是一个装饰性空间，没有能力滋养社会交往，"最多不过是从办公楼里可以望见的一个景观而已"[166]。

4. 弱势人群的公园服务水平有待提升

党的十九大报告提出："增进民生福祉是发展的根本目的。"在对发展目标的描述上，在原有的"实现学有所教、劳有所得、病有所医、老有所养、住有所居"的目标基础上，进一步增加了"幼有所育、弱有所扶"两项内容。由此可见，如何解决"弱有所扶"是新时期重要的时代课题。

弱势群体是指社会转型过程中由于失去发展机遇和客观条件，在经济收入、经济资源占有、人力资本、竞争能力等方面处于弱势地位的特殊群体[167]。这一群体在城市空间资源享有上往往也由于社会、自身资源限制而处于劣势地位。

联合国儿童基金会在《2012 年世界儿童状况报告：城市化世界中的儿童》中警示：城市化进程中，亿万城镇儿童无法享受最基本的服务，也就是说，城市正在遗弃儿童[168]。

中国拥有世界上最大的少年儿童群体，国家统计局数据显示，2015年，我国0~14儿童数量约为2.42亿人，随着我国全面二胎政策的推广，儿童、青少年的数量将持续增长。他们在享受城市文明的同时，也受到交通、污染等各方面源自城市"文明"的威胁。

高密度发展背景下，我国青少年的户外需求和城市环境建设两极化现象日益凸显。从生理和心理健康来看，缺乏合理的户外游憩活动，已经成为诸多大城市青少年体能低下甚至身心发育出现问题的主要原因；从物质空间来看，当前的城市高密度化，青少年的活动空间大多被限制在学校及活动中心，城市公园中针对青少年设计的活动场地不足1%，活动场所狭小，质量低下[169]；从社会空间与交往来看，目前的状况不适合青少年社会交往，这也影响了其成长中至关重要的人际关系模式。

2.3.2　实质矛盾总结

1. 权力、资本、生活三方空间生产逻辑的失衡

城市公园等公共空间的本质是服务所有市民，但在规划实践中却表现出如资本化、用地的残次性、蚕食侵占等种种空间非正义现象，探究其原因与本质，主要是由于现阶段城市公园的空间生产是以权力逻辑、资本逻辑为主导。"既当裁判员、又当运动员的政府角色、与开发资本联手共谋暴利的政府行为，被认为是导致住房不公、空间不公以及官员腐败的最直接原因。"[170]

同时，城市公共空间表现的逻辑失衡问题显著地反映了规划的工具理性和科技理性特征，城市决策与规划者主要依赖工具、技术体系下的方法论和空间实证理论，忽视了社会的主体性需求和权利。城市公园等公共空间从决策、规划、建设到运行基本上由官僚精英和利益集团掌控，对民众的需求与偏好的考虑较少，在这种不受制约的权力体系下，城市公共空间营建往往成为官商勾结和钱权交易的温床。在长期以权力逻辑的控制与秩序、资本逻辑的利润与均衡主导下的城市公园的空间非正义现象日渐凸显，违背了城市公共空间的基本内涵与价值导向。

总体而言，我国市民社会生活与城市公共空间还处于生活逻辑被权力逻辑、资本逻辑支配下的"脱耦"状态；市民生活空间处于被支配地位，居民的日常生活往往被作为城市高级化、专业化的结构性活动挑剩下的"零碎"。因此，如何让居民的公共生活重新回归到城市公共空间，以"社会公众的宜居与幸福"作为公共空间的建设标准，需要探索空间生产中资本、生活逻辑权力和社会生活之间的平衡结构。

通过国家权力逻辑下的控制和秩序，实现公园公共财政合理分配、公共政策与法制合理运行；市场资本逻辑下的利润与效率目标，探索公园运营资金的多元模式；通过民众生活逻辑下的宜居和幸福目标，构建参与机制对权力逻辑和资本逻辑进行制约与监督，由此实现城市公园空间生产的"权力、资本、生活"三重逻辑平衡发展、紧密相连、相互制约、相得益彰（图2-7）。

2. 城市公共空间价值失范

改革开放后，我国实行土地使用制度改

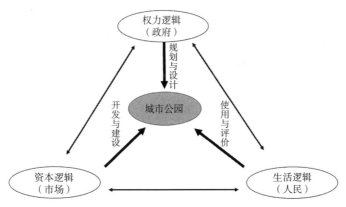

图2-7 城市公园空间生产的三重逻辑平衡关系图示

革，城市土地有偿使用制度使得土地成为极具经济价值的稀缺资源；政府的土地批租制度、开发商的资本逐利行为加剧了城市建设的"圈地运动"，城市公共空间的过度资本化现象也逐渐凸显。空间资源的资本化是由于城市空间资源的分配、交换和消费以资本的逻辑运行导致，其着眼点仅仅基于资本的增值和空间生产的利润，即物与物的交易关系，而无暇顾及除了物质利益之外的社会价值与公共利益，过度夸大市场经济原则的同时政府和法律监管挟制作用的缺失，使得"空间生产者"与空间生产权形成联合垄断，松散的"空间消费者"在相互联盟的"空间生产者"面前处于弱者地位。以资本为取向的城市发展计划和公共政策在很多时候并不符合甚至违背了普通民众和贫困阶层的利益，导致人文关怀缺失、空间生产的单向度利益化[171]。

当今城市公共空间过度商品化，除商业空间，剩余给市民大众的空间非常有限，贫困人口、老年人、青少年、儿童等特殊群体的公共空间权益更是处于被忽视和剥夺的境地。目前国内在服务于老年人、儿童、青少年休闲、游憩、体育锻炼方面的建设投入不足，

许多本应由政府提供的公共服务变得商业化，化身为夏令营、户外学习、室内体育活动、休闲游戏等私人经营的商品服务形式。这种服务不是每个人日常生活触手可及的，盈利化性质将部分人的需求拒之门外。城市公园最突出的优点在于便捷性、公共性、日常性、没有任何消费门槛，为所有家庭都提供平等的服务。因此，探索高密度背景下适应特殊群体游憩需求的公园供给方式，是涉及群众福祉的重要民生问题，对我国未来城市社会结构的稳定性也具有重要意义。

3. 缺乏公平导向的评价方法

国内目前尚没有一部专门的行业标准或规范用于指导公平导向的城市公园建设，现有的城市公园评价标准，能够在一定程度上引导城市公园数量、面积的发展，但在空间布局、人群使用、公平性等方面仍有较大的空缺。具体如下：

1）国家评价标准注重规模、数量的"量化达标"

长期以来，国内都采用《国家园林城市标准》《城市园林绿化评价标准》GB/T 50563—2010 来对各城市绿化水平进行评定，

这两个标准皆是为城市园林管理者制定的评价某一城市园林绿化建设水平的重要依据。

《城市园林绿化评价标准》GB/T 50563—2010 中与城市公园绿地相关的评价内容有 10 个，其中包括绿地建设类别中的 5 项量化指标，分别为：城市人均公园绿地面积、城市各城区人均公园绿地面积最低值、公园绿地服务半径覆盖率、万人拥有综合公园指数、大于 40hm² 的植物园数量。还包括建设管控评价中的 5 项评价内容，要求对公园的功能性、景观性、文化性、规范化率、应急避险场所实施率进行评价（表 2-2）。

《城市园林绿化评价标准》GB/T 50563—2010中有关公园绿地的评价内容　表2-2

评价类型	评价内容	评价内涵	计算公式	评价方法
综合管理	无			
绿地建设	城市人均公园绿地面积（m²/人）	考核城市发展规模与公园绿地建设是否配套	公园绿地面积（m²）/建成区内的城区人口数量（人）	量化标准评价
	万人拥有综合公园指数（个/万人）	综合公园在满足居民综合游憩和缓解城市热岛效应的不可替代性	综合公园总数（个）/建成区内的城区人口数量（万人）	量化标准评价
	城市各城区人均公园绿地面积最低值（m²/人）	基于许多城市绿地分布不均的现实问题考虑，避免中心城区、老城区出现的公园缺乏现象	城市各城区公园绿地面积（m²）/城市各城区建成区内的城区人口数量（人）	量化标准评价
	公园绿地服务半径覆盖率（%）	用于评价可达性和公平性	公园绿地服务半径覆盖的居住用地面积（hm²）/居住用地总面积（hm²）×100%	量化标准评价
	大于 40hm² 的植物园数量（个）	发挥植物园在科普、教育、宣传、物种多样性保护方面的作用		量化标准评价
建设管控	城市公园绿地功能性评价值	使用性、服务性、适用性、可达性、开放性、安全性五个功能评价值加权之和	$E_功 = E_使 \times 0.20 + E_服 \times 0.20 + E_适 \times 0.15 + E_可 \times 0.15 + E_开 \times 0.15 + E_安 \times 0.15$	量化+第三方机构或专家组评价
	城市公园绿地景观性评价值	景观特色、施工工艺、养护管理、植物材料应用四个方面评价分值加权之和	$E_景 = E_{景1} \times 0.25 + E_施 \times 0.25 + E_养 \times 0.25 + E_植 \times 0.25$	量化+第三方机构或专家组评价
	城市公园绿地文化性评价值	文化保护与文化传承两个方面评价分值加权之和	$E_文 = E_文保 \times 0.50 + E_文传 \times 0.50$	量化+第三方机构或专家组评价
	公园管理规范化率（%）	评价公园管理中对相关公园管理条例和办法的执行情况	规范管理的公园数量（个）/公园总数量（个）×100%	量化标准评价
	公园绿地应急避险场所实施率	促进城市公园应急避险功能的完善	已建成应急避险场所的公园绿地数量（个）/规划要求设置应急避险场所的公园绿地数量（个）×100%	量化标准评价
生态环境	无			
市政设施	无			

从表2-2可以发现，《城市园林绿化评价标准》GB/T 50563—2010中多数指标注重对公园建设规模、数量评价，仅有"城市各城区人均公园绿地面积最低值（m²/人）""公园绿地服务半径覆盖率（%）"两个指标，能够对公园服务布局公平性、合理性进行简单反馈。

总体而言，《城市园林绿化评价标准》是从整体、宏观层面对各城市绿化建设进行引导、评级，促进全国城市绿化建设的不断进步，整个评价体系有利于城市间的纵向对比，但对公平导向的公园规划指导意义不大。

西方国家有关城市绿地及城市公园的评价体系较为丰富，针对都市、城市、市区、社区不同尺度制定了不同深度的评价标准。其中最具代表性的是欧盟绿色空间综合评价指标体系（Interdisciplinary Criteria Catalogue，ICC）。该标准分为城市尺度（ICC-city level）和社区尺度（ICC-site level）。城市尺度（ICC-city level）（表2-3）的指标体系分为4个层级[172]：一级为目标层，即城市绿色空间综合评价；二级准则层包括绿地数量、质量、使用、发展与管理4项；三级指标层，包括面积、物种多样性、体育设施、政策和法律背景等共35项指标，四级次指标层，主要是对三级指标层的细化，提出更为具体的度量方法，包括绿地率、鸟类数量、维管束植物数量等64项指标。

从表2-3可以看出，欧盟国家城市绿色空间综合评价体系除了关注生态、景观外，还非常关注绿色空间使用与法律保障机制评估。生态评估主要采用定量指标，人群使用状况与政策保障机制评估则多采用定性指标，指标描述非常详细，通过"是""否""有""无"等问卷问答形式获取绿色空间的使用、规划管理、法律机制健全情况，评价指标的选择明显体现出对城市环境改善及居民生活质量优化的重视。

2）公园布局配置与人群休闲需求脱节

国家体育总局体育科学研究院发布的

欧盟城市绿色空间综合评价指标体系（ICC）城市尺度[172]　　表2-3

指标层级	具体指标内容			
目标层	城市绿色空间综合评价			
准则层	数量	质量	使用	发展与管理
指标层	8项：面积、破碎度、隔离度、连通性、可达性、整合性等	8项：物种多样性、受保护水平、文化与自然遗产保护、空气质量、环境绩效等	7项：休闲、体育设施、安全、教育、替代性、生产及就业	12项：政策法规、规划指导、审美性和文化传承、公众参与、与其他规划的协调状况、管理情况等
次指标层	8项：绿地率、斑块形状指数、连通指数、绿地覆盖率、人均绿地率、居民易达比率等	14项：鸟类及维管束植物数量、受保护绿地的比例、属于遗产的绿地比例、SO_2、CO、NO_2、O_3颗粒物数量、居民对城市绿地重要性的看法、在绿地中组织的重要事件等	20项：使用频率、使用形式、绿地中体育设施数量、绿地用作正式体育场地的比例、发生在绿地中犯罪事件数量和类型、学生直接在绿地中受教育的时间等	22项：法律的存在及效力、保障市民公众参与的规划工具、保障市民公众参与的管理工具、私人绿地的激励机制等

《2014年全民健身活动状况调查公报》显示，影响我国城乡居民参加健身活动的最主要的客观因素是"缺乏场地设施"（13.0%），26.4%的调查人群希望将锻炼场地建在社区公共空间或城市公园附近。由此可见，居民对于在社区公共空间、城市公园中进行体育活动的意愿较为强烈。

游憩服务是城市公园的主导功能，参见我国现行行业标准《城市绿地分类标准》CJJ/T 85—2017中对于公园绿地功能的描述是"向公众开放，以游憩为主要功能，兼具生态、景观、文教和应急避险等功能，有一定游憩和服务设施的绿地"，据此国内有学者指出公园绿地的核心功能应该是游憩服务体系功能，生态、经济、应急避险、健康增进等均属于公园绿地的延展绩效[173]。国内公园目前还停留在只提供基本的空间，依靠使用者自发活动的阶段，对公园的游憩服务、健身活动功能重视不足，已有的相关规范、标准，主要从位置和数量对公园建设进行约束，对于公园设施的设置数量、类型、标准等缺乏规范性指导。

我国最早的公园规划行业标准《公园设计规范》CJJ 48—92自1993年1月1日起施行，一至沿用到2016年12月31日。规范中未对游憩及运动康体设施进行标准制定，仅粗略强调在综合性公园中应包括文化娱乐设施、儿童游戏场。随着时代发展，公园使用需求也发生了变化，人们对游憩、健身活动需求逐渐增加，公园免费开放使得游客人群急剧增长，公园内各类游憩设施的建设规模却并未增加升级；旧版规范中对人群健康游憩功能服务的忽视与当今人群需求已形成矛

盾。2016年8月26日《公园设计规范》GB 51192—2016诞生，自2017年1月1日起实施，但在新版规范中对游憩设施的规定并未进一步明晰，设施设置内容仍未强化公园的健身游憩功能。

职能机构、政策与资金保障上的缺陷，也是国内公园游憩服务滞后的主要原因。国内城市游憩空间缺乏、经营管理薄弱，保障居民游憩需求的职能机构、政策规定存在缺失。公园作为一项惠及民生的公共福利产品，运营管理大多完全由政府承担。随着公园数量规模大幅增长，公园各项运营经费为政府财政带来巨大压力，政府能够支出的财政经费与公园管理维护所需费用不成正比。在目前推行的政府购买服务模式中，政府承担的公园管理维护费仅包含基本的绿化养护维护费用；设施维护与更新、社会文化服务等费用几乎空白，运营管理资金匮乏成为阻碍公园发展的重要问题。

4. 保障公平的法规制度不健全

1）绿线划定与管控不严

《城市绿线管理办法》是城市绿地规划管理的核心制度，其内容对绿线的划定、管理和监督做了控制要求与规定，为城市绿地管理提供了坚实的法律基础。2008年施行的《中华人民共和国城乡规划法》中也进一步明确了包括绿地（绿线）在内的"城市总体规划强制性内容"不得随意调整。然而，各地城市实施情况却不容乐观，园林绿化规划用地指标被挤占、绿地性质被改变、各类现状绿地被侵占的现象屡见不鲜。

2014年，住建部出台了《住房城乡建设部利用遥感监测辅助城乡规划督察工作管理

办法（试行）》（建稽〔2014〕182号）。利用遥感监测对103个国务院审批城市总规的城市进行辅助督察，结果显示绿地侵占是当前规划实施中最为突出的问题之一[174]。究其原因，城市总规绿线编制深度不够、绿地边界不明确、上下位规划内容不协调、绿线管控可实施性差是各地城市绿地侵占的主要因素。

2）公园法规不完善

法制是实现城市公园有效管理的制度保障。目前，我国城市公园法律制度主要存在以下问题：

（1）立法缺乏自上而下的系统性。随着我国城乡园林事业迅速发展，1992年颁布的《城市绿化条例》作为我国城市园林绿化的第一个中央立法的行政法规，表现出一定的局限性，如未涵盖当前城乡园林绿化的主要领域，不能起到统领园林绿化行业法律的作用[175]。在公园管理方面，缺少综合性的部门管理规章，只有城市动物园和游乐园的部门规章，其他行政规范性文件则侧重于国家湿地公园、国家重点公园等专项管理。因此，目前我国城市园林绿化领域中，急需一部全面的、统领全局的主法。地方立法也比较薄弱，各级绿化管理部门虽先后出台了地方的公园管理条例，但大部分属行政法规、部门规章和地方性法规与地方政府规章，立法层次低，对于行政许可和行政处罚方面没有设定权力。

（2）公园管理法规可操作性差。公园管理法规条款笼统、缺乏明确执行标准和步骤，对管理主体、执法主体、责任主体缺少明确的法律界定，公园管理缺乏有效的行政执法能力，管理的合法性和灵活性均有不足。此外，目前国内有关城市公园的资料信息不够完善

与公开，城市公园位置、面积、名称、监管单位等信息均无法获知，很难获知哪些城市空间是属于公众的，而一些权力机构、开发商恰恰是利用这种信息不对等来进行城市公共空间的剥夺。

（3）公众参与的法律保障不明确。我国各城市现行地方性法规对城市公园管理明确规定由园林行政主管部门主管负责，规划决策局限于"精英式"模式，公众参与较弱。尽管我国城市绿地系统规划与评价相关规范、标准中明确要求公众参与，但具体落实却往往流于形式，很大程度上是由于缺乏政策、规范的法律保障机制，法律机制的缺乏也成为绿地规划建设其他诸多层面创新与突破的瓶颈，法律保障机制评价的缺乏从根本上还是由于我国城市绿地立法薄弱造成的。

虽然一些城市已积极寻求优化方案，但由于立法保障的缺失，公众参与实施的长效性、稳定性难以维持。如《天津市公园条例》倡导多主体治理模式，上海市推出公园、社区、志愿者"三位一体"的管理模式，发动公园周边社区居民及志愿者共同参与公园管理，但公民的参与权、决策权、监督权该如何运行仍缺乏具体规定，造成公众参与行为仍然流于形式。

3）资本与人情伦理下法律监管失灵

城市基础设施的公益性质，决定了它的投资主要依靠政府财政，各城市浩大的基础设施建设投入给地方财政带来了巨大压力，随着管理模式的多元化，基础设施建设逐渐引入私人资本。在公园建设管理方面，私人资本引入模式，即依靠民众、商业机构和非营利性机构参与城市公园建设管理，虽减轻

了政府经费的燃眉之急，但负面问题也层出不穷。

中国经过数千年的封建社会，形成以血缘关系为纽带的宗法制度，这种制度下强调的伦理形态是人情伦理。数千年"东方专制体制"强调重视整体效果，忽视个体利益；理性精神与契约精神在中国文化中长期的历史中没有立锥之地，人情伦理的盛行与土地使用权的用途监管缺位使得相关法律法规对于公园的公共性保障无法落实。如陈锦富、莫文竞的《"守不住"的公园——由Z公园改造项目引发的划拨用地规划管理思考》[176]一文中揭示的，公园管理单位以缺乏公园维护管理资金而向政府提出以开发养公园的诉求，层层法规在"人情伦理"与"土地资金价值导向"面前，终究还是没能阻挡Z公园一步步被古玩珠宝城蚕食，硕大的公园一步步被蚕食得仅剩边缘的一小块街头绿地。

2.3.3 国外经验借鉴

1. 美国城市公园规划

1）以游憩功能为主导，将改善居民健康与生活品质作为目标

美国城市公园和游憩部（PRD）是美国城市空间满足居民游憩需求的保障系统。它的存在和运行为美国70%的居民提供了户外游憩空间与机会。此外，还有非营利性组织——美国国家游憩与公园协会（NRPA）促进公园游憩发展。在美国国家游憩与公园协会制定的《游憩地、公园及开放空间规划标准与导则》（Recreation, Park and Open Space Standards and Guidelines）中对不同开放空间按其类型明确阐述了不同公园类型的主要功能、服务半径、设施配置等具体准则，让各种不同类型的开放空间根据自身特性发挥其应有的功能，也为建设规划提供了明确的方向[177]（表2-4）。

从导则中也可以发现，不同类型的公园自下而上形成一个体系，虽然公园类型有别，但都强调了公园"服务于居民游憩需求"的功能，公园建设的本质是以改善城市居民健康状况和生活品质为目标。

2）科学的空间组织

美国城市公园体系中小型公园较多，整个城市公园系统中3hm²以下的迷你公园和社区公园占比较大。对于小公园的重视开始于19世纪70年代，1887年纽约市通过《小公园法》（The New York's Small Parks Act），提倡将小公园均匀地分布在住宅区和商业中心，这些数量庞大的小型公园形成了系统的公园网络，为网络化游憩空间的构建提供了支撑。

美国城市游憩空间规划建设还体现出了节约土地资源的理念，虽然土地资源较为充沛，政府仍然倡导"见空插绿""混合开发"的节约型绿地发展模式的方式，充分利用街角、道路边缘、门前屋后等微小场地建设小型公园、小花园、小型运动场地等游憩空间；以最大限度地提升城市绿化和游憩空间的数量和面积。其推崇的混合开发方式是指在不变更用地性质的前提下挖掘各种空间的多功能潜能，将公建屋顶、水利设施、废弃道路、跨高速公路的人行立交、停车场等建成游憩绿地。同样面临大型山体对城市公园均好性、可达性的弱化影响问题，美国洛杉矶市通过完善社区公园体系来提升居民的公园步行可

美国城市公园的分类、功能、服务半径、游憩设施配置相关指标　　　表2-4

类型	用途	千人拥有面积	服务半径	适宜的尺度	推荐的游憩设施及面积要求
迷你公园	儿童游乐场以及老年人活动场地	0.1~0.2hm²	< 400m	< 0.4hm²	儿童活动区 0.7hm²，器械区 0.7hm²，游戏/网球区（可选）0.4~0.8hm²，庇护处 90~100m²，健康步道视情况可变，公共设施视情况可变
邻里公园	既可以为一些剧烈活动场地也可以为一般性活动场地	0.4~0.8hm²	400~800m	> 6hm²	足球场 0.8hm²/块，橄榄球场 0.8hm²/块，运动场 0.8~2hm²/块，跑道 2hm²，篮球场约 930m²，健康步道 1.6km，庇护处约 185m²，游泳池、滑板公园视情况可变
社区公园	多种用途，包括一些游憩设施（运动场、大型游泳池等）	2~3.2hm²	1600~3200m	> 10hm²	照明成人垒球场 6hm²/块；照明青年棒球场 3~4hm²/块；橄榄球场 0.8hm²；室外篮球场 0.4~0.8hm²；野餐区 4hm²；照明网球场 0.8hm²；健康步道 1.6km；排球场 0.8~1.6hm²；庇护处约 185m²；滑板公园、停车位视情况可变
区域/大型城市公园	亲近自然为主的游憩行为（野餐、划船、钓鱼、游泳、野营以及越野比赛）	2~4hm²	1小时车程可达	> 80hm²	视情况可变
区域性自然保护公园	一般情况下拥有 80% 的用地用于生态资源保护，另外 20% 的用地可用于自然环境为主导的游憩活动	不定	1小时车程可达	> 400hm²	视情况可变

游憩性。其"从红色用地到绿色用地"（Red Fields to Green Fields）计划通过对全市用地情况的综合评价，识别出可改造的商业、工业或公共用地，转变为社区公园[178]。

3）精细的规划方法，重视需求调查

美国城市公园规划也同样经历了从"数量公平"向"地域公平"发展的过程，早期同样采用"儿童游憩场地千人指标"等数量指标作为公园布局的指导，随着规划方法的发展，公园规划的方法也不断更新发展，从最初的千人指标法到 LOS 法（Level of Service 以系统方法以及服务水平的测度方法）到基于 GIS 平台的复合价值法，逐渐融入了人口统计学、游憩学、空间分析方法（ArcGIS）等，并被纳入总体规划，赋予其与住房、交通、教育等其他法定要求的公共基础设施相同的实施地位[179]。由此一步步实现了公园规划重点从数量、面积、承载力到对质量、舒适性、便捷性的转变，其规划视野从最初宏观的空间规划聚焦为对空间内部要素与细部的规划。

公园规划指南要求对服务范围内进行扎实的前期调查，注重家庭收入、就业、年龄结构等对使用需求的影响，采用游憩学研究方法测度使用者的参与率、参与模式、需求、偏好；其精细化规划还表现在对差异性的认可，对每个社区进行细致考察访谈调研、交流，获取每个社区人群社会经济结构情况，参与公园游憩的时间、步行范围内所能享有的公园的空间组成部分、公园设施的服务质量等；最终确定其公园供给或更新的方式与内容，而非将所有的公园作为一个整体平均考虑。

需求分析是美国城市公园规划的核心。规划以居民的游憩使用需求为切入点，通过这些基础分析将居民需求与空间资源、社会资源整合起来，实现规划信息采集、规划制定到实施运营的系统性。以波士顿市开放空间规划（2008—2012）为例，其中67%的文本内容介绍需求分析，50%的内容是对居民游憩空间需求、使用分析。规划对所辖各社区进行了详细调查和统计分析，调查的内容包括社区人口结构、住房情况、开放空间的类型、数量、分布，开放空间内的设施类型、数量、质量、使用情况[180]。根据调查结果总结了相应的问卷调查和统计图，对公园使用情况、使用特征、期望的使用方式和规划方式、期望的活动与服务类型等内容进行了直观表达，为游憩设施与服务活动配置提供了坚实的数据基础。

可见，以社区为单元的居民使用需求和开放空间调查是美国城市公园等开放空间规划的重要内容，为规划目标和实施提供了翔实的支持，是规划的基础和特色。

4）对弱势群体公园使用的关怀

美国城市公园等公共空间建设中非常注重儿童、老年人、残疾人等弱势群体的使用适用性。2015年4月，纽约发布了新的总体规划《一个纽约——一个强大而公正的城市》，强调对贫困人群、老年人、残疾人、低收入人群等弱势群体的关注，在公园等公共设施建设方面也表现出高度关怀。在公园建设方面，2015年纽约市政府实施的"社区公园倡议"计划，主要目的在于建立公平的公园体系，斥资1500万元帮助贫困地区和建设资金不足的社区改善公园质量。"社区公园倡议"还与当地组织机构合作，为不同人群设计了多样的游憩活动。例如，每日为儿童、青少年提供4~7小时免费的游戏和运动场所；为8~14岁儿童提供各种免费的运动培训，由专业健身教练志愿者提供免费的健身课程与指导，为老年人和参加人提供特殊的健身活动，推广社区园艺和种植项目，每周组织居民参与骑行、徒步、划船等亲近自然的探险活动[181]。

2015年版美国城市规划特别强调了无障碍设施的建设，希望弱势群体能够有同样的机会参与公园中的每一项活动。其建设内容包括四个方面：①建立为残疾人服务的公园信息枢纽站，方便残疾人便捷地知晓公园活动安排；②建设残疾人专用步道、坐凳、卫生间等服务设施；③为残疾人定制无障碍运动场地，对部分游憩活动项目和设施进行专门的提升改造；④公园定期为残疾人举办工艺课程、运动比赛、交流会等多样化的项目活动。不只是在公园规划方面，美国在整个城市范围内的游憩场地规划建设时对特殊群体需求的考虑都非常完善和人性化，各场所中都专门配置了服务于残疾人的停车位、公厕、母婴室自动感应门、助力车等设施设备，真正地将"公平共享"和"空间正义"的理念落实到了规划实践中。

在对公共设施的布局决策上，政府或第三方评估机构往往通过对社会指标（如社会剥夺指数等）的地域分布状况，以及剥夺指数定量识别发展相对滞后地区或存在潜在社会风险的地区。将这些区域作为公共服务设施重点发展区，通过定量分析与政策引导实现公共服务设施的集中建设，改善当地的贫困与社会危机状况。此外，分析弱势群体与公共文化设施布局的空间集聚特征与分异特征，进而指导设施的公平分布[182]（图2-8）。

5）注重公园质量建设

美国城市公园体系主要由大量的 3hm² 以下的袖珍公园和社区公园组成，诸多社区公园仅有 1hm² 左右，但其设施与服务项目却很丰富，很受居民的喜爱。各社区公园非常注重运动锻炼类设施的配置，既配置有各种标准运动场馆，又有可灵活使用的多功能场地和小型锻炼场地；篮球场、儿童游戏场和野餐区成为美国社区公园的“标配”，几乎 60% 以上的社区公园均配置有上述三种场地[183]。除了提供明确的、主动的活动场地外，还布置有大量丰富有趣的服务项目（如艺术表演、武术、手工、儿童看护、老年活动等）以满足娱乐、社交等游憩需求。

位于纽约 53 号大街的佩雷公园（Paley Park），整个场地仅有 390m²（12m×32.5m），公园临街而设，周围是繁华的闹市区，环境嘈杂，设计师将公园建造在建筑之间、向阳的相对封闭的空间，为周围的职员、购物者营造了一个安静、舒适的交流环境（图 2-9）。以可随意移动、折叠的桌椅替代公园中常用的长椅，增加了公园空间使用的灵活性。瀑布、墙面的常春藤为公园带来了活力与吸引力，采用松散的高大乔木种植方式，提供遮阴的同时节约了更多的空间给人群活动。公

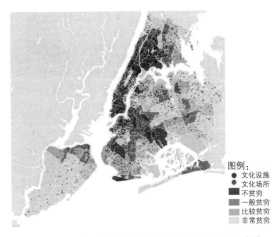

图例：
● 文化设施
● 文化场所
■ 不贫穷
■ 一般贫穷
■ 比较贫穷
■ 非常贫穷

图 2-8　纽约市文化设施分布与社区贫穷度关系图[182]

园与街道通过台阶隔离形成独立的空间，方便老人、残疾人、儿童的使用，还在台阶两侧设置了无障碍设施，小小的公园空间浓缩了设计师在可达性、安全性、舒适性等多方面的人性化考虑。佩雷公园曾被称为“最好的城市空间”，据 20 世纪 80 年代的调查，纽约中央公园每年接待量为 4 人次 /m²，而佩雷公园达到了每年 128 人次 /m² 的接待量，显示出与纽约公园同等重要的社会意义[184]。

2. 新加坡的公园系统

新加坡作为东南亚的一个岛国，国土面积约 719km²，人口密度高达 7797 人 /km²；是一个典型的高密度城市型国家。其便捷的基础设施和绿色宜居的城市环境吸引着全球人才与商旅投资，是亚洲地区少有的高密度背景下仍能达到高宜居标准并实现可持续发展的城市典范。

绿地系统规划一直是新加坡城市规划的重点，主要特点在于城市绿地网络化。其城市公园网络不仅发挥着重要的生态作用，也是居民休闲游憩的重要空间。城市公园体系主要由三部分组成：区域性公园（Regional

图 2-9　佩雷公园全貌及公园景观细节
来源：https://www.sohu.com/a/290061651_681276

Park）、社区公园（Community Park）和绿道（Park Connector）[185]。各类公园具有各自鲜明的特色与人群使用的针对性，对于不同人群有不同的景观设计与设施配置。

区域公园是面向游客观光旅游的大型游览性公园，多为专类公园和主题公园，如裕廊飞禽公园（Jurong Bird Park）、裕廊爬虫公园（Jurong Reptile Park）、夜间动物园（The Night Safari）等，这些公园大多由私人投资建造，多为营利性质，需要购买门票才能入内。社区公园以满足居民日常游憩活动为主，一般都修建在居民住宅附近或交通便利的地铁站附近，服务人群多为老人和小孩，这类公园的绿地率不高，景观功能性较弱，场地中硬质铺装比例较大，以提供大量的运动休憩设施，如西海岸公园（West Coast Park）、碧山公园（Bishan Park）、义顺公园（Yishun Park）等。1989 年，新加坡提出了绿道网络的构想，具体通过公园连接道相互连接构成环线。该网络由 5 条不同主题的环线所组成，每条长度约 10~20km，主要包括供步行、慢跑的步行专用廊道和自行车道，沿途设有标识系统、地图牌、垃圾桶、照明装置、雨篷

等配套设施和休息设施。绿道途经或穿过居住区，将新加坡的各个新镇的公园串联起来，吸引居民走出家门，为居民提供了锻炼身体和绿色出行的非机动车绿线。

基于土地稀缺和人口稠密的国情，新加坡高瞻远瞩的新镇建设方针对于高质量的生活环境和公共服务意义重大。新镇以西方"邻里"为规划原则，形成等级分明的新镇、小区、邻里"三级结构"（图 2-10）。与此对应的新加坡的社区公园规划内也形成"新镇公园 + 小区公园 + 邻里公园"的三级公园体系[186]：其中新镇公园面积最大，位于中心，游憩设施也最丰富，包含有慢跑道、足球场、儿童游戏场、游泳池和运动综合体等。邻里公园、儿童游戏场的面积在 1000m² ~10hm² 之间，为老人和儿童提供游憩健身的场地。邻里公园面积约 0.2~1hm²，空间形式常为邻居居住单元（组屋板楼）围合着邻里公园，配有游戏场和硬质球场等娱乐设施。分散的邻里公园通过步行小径与小区、新镇公园相互连接。

社区公园是新加坡城市绿色网络的重要组成部分，为高密度居住环境内的人群提供了丰富的休闲娱乐活动与设施，得到了民众

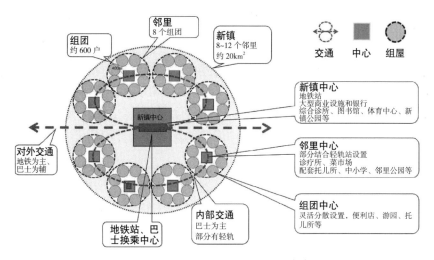

图 2-10 新镇"三级结构"示意图[187]

的广泛认同。社区公园规划以居民的生活需求和行为研究作为规划出发点，注重对儿童、老年人等特殊群体的关怀。为了应对老龄化问题，提出将老龄化与创意联系起来，提出创建"创意乐龄城市"，其理念力求凸显长者对城市创意空间的贡献和参与，提倡、鼓励和邀请老年人共同创建城市社区。公园内常常举办特色的游览活动增进儿童对自然的学习和喜爱。例如，巴西立公园（Pasir Ris Park）专门辟设了厨房园，让儿童直观地认识和了解东南亚特色香料植物。碧山—宏茂桥公园（Bishan-Ang Mo Kio Park）举行周末早间家庭趣味导览，为青少年、儿童"观察大自然"等文化活动提供了场所。该公园源于"活跃、优美、清洁（ABC）—全民共享水资源"计划，项目是对位于碧山—宏茂桥公园的加冷河畔进行改造，将 2.7km 笔直僵硬的混凝土排水渠改造成了蜿蜒野趣的自然河流，并和碧山—宏茂桥公园相连接，成为居民亲近自然、休闲游憩的场所。

2.4 空间正义视角下城市公园公平绩效评价审视

2.4.1 缺乏公平绩效评价方法

我国城市规划领域长期存在"重编制、轻实施、无评估"的现象，基本上以编制宏伟蓝图为主，缺乏对规划方案、规划实施过程和规划实施效果的评估研究[188]。城乡规划主管部门没有提供具体的评估操作办法，各地、各规划的评估工作不在同一框架内，对评估的概念理解、方法运用以及组织过程都存在差异；已有的评估工作主要采用定性方法，以解决实际问题为导向，定量评价方法的应用较缺乏。城市绿地系统规划作为城市总体规划的重要组成部分，其评估的研究与实践工作也仍停留在起步阶段。

目前，《国家园林城市标准》、《城市园林绿化评价标准》GB/T 50563—2010 是国内城市绿地系统、公园建设的评价标准，其目的是从整体、宏观层面对各城市绿化建设进行引导、评级，促进全国城市绿化建设不断进步；评价体系有利于城市间的纵向对比，但对公平导向的公园规划指导意义不大。在社会公平公正的发展诉求下，我国城市公园亟须建立一套行之有效的公平导向的规划评估体制。目前国内城市公园公平绩效评价还是一个新生事物，还未形成一个完整的、系统的路径，主要存在以下问题：

1. 缺乏对公园社会维度的关注

虽然国内城市公园的评价内容愈加全面，趋向于从单一维度向多维度、多学科结合的综合效益评价转变，但关注较多的仍是公园的生态绩效和空间格局，缺乏指引城市公园公平分布与提升居民福祉的指标和评价方法。

受社会维度数据获取难度大和精度不足等现实因素制约，国内公平导向的城市公园规划与研究大多从自然的、物的、空间的角度，对比城市公园服务水平（数量、面积、可达性）的区域差异，缺乏公园自然系统与人文系统以及公园属性与人群属性关系的探索。

2. 技术与方法缺失，定量评价不足

由于缺乏匹配的理论指导与方法参考，国内绿地系统规划评估实践表现出一定的局限性，包括方法、技术、专业人员的局限，还包括操作程序和评判标准的局限。由于缺乏相应的技术方法，在实践中往往将原则判断作为评估标准，而不是依据事实分析进行评估，甚至出现以原则判断取代事实分析，以定性为主或以定性分析取代定量分析的方法来获得评价结果，由此，方法和技术的局限制约了规划评估的指导意义。

公共服务具有非排他性、非竞争性以及外部性等特征，其供给缺乏竞争性的市场框架，产出的外部性难以计量；加之公共服务可获得性、需求性、差异性等数据获取及评估难以量化，使得的公共服务领域的定量评价面临着较大的难度和挑战。国内已有的公园公平性研究多采用人口普查、问卷调查数据，存在数据时效性差、定量表达不足等瓶颈。量化方法多采用可达性或经济学中的基尼系数、洛伦兹曲线，揭示公园空间均衡层面的问题，较少涉及人群属性与需求分析。

综上，已有的公园公平性定量研究在数据来源、方法深度上还不够，与社会现实问题、居民生活结合不密切，规划评价中如何采用有效的评价方法识别弱势人群、判断不同人群的公园使用公平存在局限性。

3. 规划评估的全过程机制和动态机制缺乏

按评估内容，规划评估可以分为规划方案评估、实施过程评估和规划绩效评估，对应规划编制的方案设计、实施过程、实施效果的逻辑顺序。西方发达国家城市规划评估研究经过了60多年的发展历程，评估内容从最初单一的方案评估逐步拓展到规划价值标准、公众参与表达、规划实施过程等全过程评估，评估方法从定性评价扩展到定量定性相结合，评估从业人员也从政府、第三方专业机构到市民大众，逐步形成了较为成熟的评估信息系统和实施机制。

目前，我国对公园公平性的评估多集中在结果评估节点。未来可借鉴西方规划理论中的动态检测和定性定量交互分析方法，从简单的方案评估扩展到规划实施过程、实施效果等全过程评估，在动态发展的每一阶段均以公平公正作为目标定位，审视规划实施过程中出现的问题并及时纠偏、修正。

2.4.2　对空间的社会属性考虑不足

空间正义的社会空间统一观点认为城市不应被视为一个孤立的社会现象，应该重视阶级和资本对城市空间的深刻影响，不仅关注空间过程的后果，更应探究空间形成的社会与政治机制，从空间、资本和阶级互动过程去理解都市空间经验。社会空间统一体观点反映到城市公园层面就是：一方面，人们生活工作的空间以及他们存在物质、社会基础会塑造他们特有的价值观、态度和行为；另一方面，价值观、思想行为也不可避免地影响着城市公园的物质形态。

在我国城市公园规划与管理领域，城乡规划和社会学则基本没有合作关系。专业人员和政府所规划构想的公园布局在实施后往往并没有达到预期的目标和愿景。比如无人活动的远郊大型城市公园、贫困社区公园反复投资建设又反复恶化问题，城市公园中地盘争夺现象，广场舞引发的冲突矛盾等；产生这类问题的重要原因之一，是规划实施中缺乏对城市公园社会属性和社会价值的关注。

纵观国内城市公园研究，城乡规划学和社会学虽然以各自的视角和方法，在不同层面取得了诸多成果，但两者相对独立，缺乏互融互通。以规划、景观设计、地理学为主的公园研究大多集中于物质空间的审美、均衡，缺乏对空间背后社会变迁、社会建设的关注。

公园的社会性研究更偏向于社会学家的观念阐述，其结论较难指导和运用于物质空间规划上。

总体而言，目前国内城市公园规划评价工作重形态、轻社会，着眼于技术方法，忽视了物质空间对社会空间的塑造作用和空间中社会现象的剖析，规划评价中缺乏对公园空间社会属性、社会价值的考虑，对公园供给、需求等各群体的利益平衡考量不足。

2.4.3　关注"同一的正义"，忽视社会空间的差异

1. "同一的正义"的公园公平绩效评价方法检验

目前，国内主要采用人均公园面积、服务半径两大指标和公园数量面积比较的方法来指导公园公平建设，这些公平绩效评价方法都属于"同一的正义"的评价方法。本书以重庆市中心城区为例，采用这些方法对公园公平绩效进行评价，从评价结果可以发现这些方法的缺陷。

1）基于人均公园面积的公平绩效评价

2013年，重庆市主城区人均公园面积为 $4.61m^2$（建设用地内公园绿地），将现状各街道人均公园面积（图2-11）与重庆市主城区人均公园面积均值（$4.61m^2$）进行比较（图2-12），87个街道中有50个街道未达到平均值，位于中心城区的沙坪坝区、渝中区、大渡口区人均公园面积指标表现最差，沙坪坝区18个街道中仅有2个街道（童家桥街道、联芳街道）达到均值，其他16个街道未达到均值，且有7个街道人均公园面积为0。渝

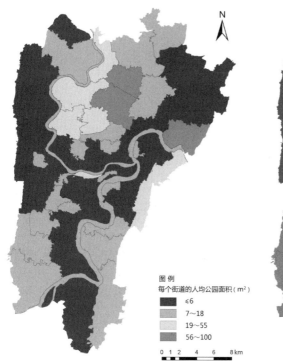

图2-11 各街道人均公园面积示意图

图例
每个街道的人均公园面积（m²）
■ ≤6
■ 7～18
□ 19～55
■ 56～100
0 1 2 4 6 8km

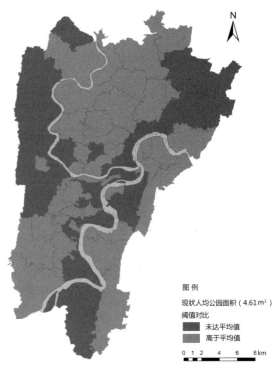

图2-12 各街道人均公园面积与均值的比较示意图

图例
现状人均公园面积（4.61m²）
阈值对比
■ 未达平均值
■ 高于平均值
0 1 2 4 6 8km

中区12个街道中9个街道未到均值，9个未达标的街道中6个街道（望龙门街道、石油路街道、七星岗街道、大坪街道、大溪沟街道、南纪门街道）的人均公园面积在2m²以下。大渡口区8个街道中5个街道的人均公园指标未达到均值水平，其中3个街道的人均公园面积在1.7m²以下。

通过以上现状人均公园面积与均值相比较，可以看出，重庆市中心城区核心区域与周围区域相比差距较大，未来公园建设应将重点放在核心区域，尤其是沙坪坝区、渝中区、九龙坡区这些老旧城区的公园供给面积面临较为严重的缺失。

2）基于服务半径的公园公平绩效评价

参照《重庆市主城区绿地系统规划（2014—2020）》对公园服务半径的规定，将研究范围内城市公园的服务半径分为两个等级：综合公园、专类公园服务半径为2000m，社区公园、游园的服务半径为500m。分别按照2000m、500m的服务半径计算了重庆市中心城区公园的服务覆盖范围（图2-13）。计算结果为：重庆市中心城区的综合公园、专类公园的服务覆盖范围为61%，社区公园、游园的服务覆盖范围为35%，所有公园的服务覆盖范围为65%，没有被公园服务辐射到的区域主要位于边缘。

3）基于数量与面积的公园公平绩效评价

中心城区各行政区的城市公园数量、面积、人均公园面积、公园面积占比指标如图2-14、图2-15所示。

从图2-14、图2-15可知，重庆市中心城区包含的9个行政区内，以渝北区为代表

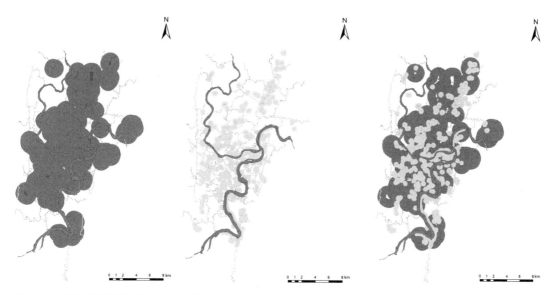

图 2-13　服务半径阈值下的中心城区综合公园（左）、社区公园（中）、综合公园与社区公园（右）覆盖率示意图

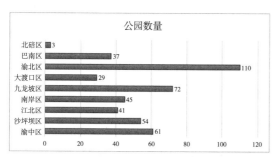

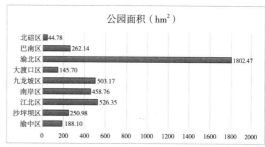

图 2-14　重庆市中心城区各行政区公园数量与面积对比

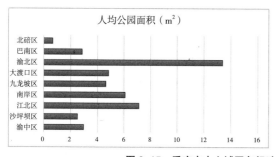

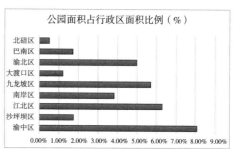

图 2-15　重庆市中心城区各行政区人均公园面积与公园面积占比

的城市新区在公园数量（110个）、公园面积（1802hm²）、人均公园面积（13.4m²）表现均较突出。渝中区作为核心区与老城区，公园占行政区面积的比例最大（8.1%），数量61个，

人均公园面积2.99m²；但公园总面积却很少，仅有188hm²；从数据可以看出渝中区对城市公园建设较重视，近年来公园数量不断提升，但由于用地限制，其公园用地面积均较小。

同样是老城区的沙坪坝区，公园数量 54 个，公园面积 250hm²，人均公园面积 2.51m²；但公园面积仅占整个行政的面积 1.74%，公园用地相对来说较少。中心城区两个边缘行政区——北碚区、巴南区的公园数量、面积等指标表现均不乐观。整体来讲，重庆市中心城区范围内，公园资源表现为新区好于旧区，旧区好于边缘区。

综上，通过对人均公园面积、服务半径、公园数量面积三种方法的应用，可以发现：在公园公平绩效评价上，这三种方法将空间、人视为均一的空间、人群，使用同一标准同等对待，仅能从空间层面粗略地获知公园建设量的差异，对现实城市空间的异质性、不同人群需求的多元性几乎无法提供有效信息，是"同一的公正"的反映，由此造成公园规划决策在满足不同人群需求方面的缺失。

2. 关注"差异性正义"的必要性

中国在快速城镇化进程中，出现了社会分层、弱势群体边缘化等社会空间分异现象，成为困扰我国社会经济协调发展的瓶颈之一。以往政府部门往往依据区位理论进行公共资源分配，但公共资源的公平配置需要考虑的不仅是区位差异，更需要明晰"谁获益""是否公平公正"等社会价值判断问题。中国面临人口密集、绿色空间资源稀少的境况，弱势群体公园服务的公平性如何，这个问题还不得而知，但这些人群公园享有的公平性正是城市社会公平公正的缩影。

美国波士顿大都市推动者之一——景观设计师查尔斯·艾略特（Charles Eliot）在公园体系修建中呼吁并抵制城市公园等优质自然景观被上流社会阶层所垄断，指出它应该被全社会所有族群共享。艾略特在一篇发表于《园与森林》（Garden and Forest）杂志的文章中指出当富人需要自然山水所带来的宁静、单纯和美丽时，他们可以在一定的季节暂时逃离城市；而穷人，那些必须在压抑的城市环境中间日日奔波的人，正是最需要城市公园的人群[189]。

随着社会对弱势群体关注，应该思考在目前公共供给状况下，弱势群体的公园需求是否得到了满足，哪些区域是弱势群体高度集聚的区域，哪些群体在公园供给中处于弱势地位；这些问题的回答，有助于规划采取针对性的地域干预或群体干预策略，指引公平正义理念中的"弱有所扶""对弱势群体适当倾斜"观点实施落地。

2.4.4 人的需求识别环节存在缺失

以往的空间规划，空间生产的根本目的是经济增长而不是主体的需求与需要。大部分是在结构论的基础上进行的，即把空间视为某种结构性的社会事实，忽视了社会空间内部的主体维度的分析。

从某种意义上说，人民群众的空间需求是一切空间规划、建设、生产和分配的出发点与归属，脱离了人的需求的空间生产，势必造成空间物化。琼斯认为，公共服务如果不是按照居民需求来提供就可能导致歧视性分配[64]。孔扎曼进一步指出公共服务设施供给公平意味着设施配置要与居民的需要、偏好相一致[65]。国内学者也对这一问题进行了观点表述，赵民和林华指出，城市社区空间分层和人群需求分化日益明显，计划经济条件下形成的居住区公建配套指标体系已不适用，需要根据服务对象"量体裁衣"区别对待[190]；高军波、苏华指出，城市公共服务设施配置的根本目标是为了满足不同群体的使用需要，而不仅仅是追求空间均衡[191]。

长期以来，我国粗放型发展理念对"人"的需求关注不够，导致公共服务供给与人群需求矛盾日益激化。目前，国内大力推行的公共服务供给侧改革的根本目的在于推进共享发展，促进社会公平。当前公共服务设施供给的困境，实质在于缺乏对公众需求的重视。城市公园作为城市公共服务之一，其发展同样陷入了供给与需求不对等的境地。近年来，国内公园建设取得了丰硕成绩，从物质的、量化的角度，城市公园在数量、面积、人均占有量上的增长显而易见，而公园使用主体——人的需求是否得到满足还知之较少。

城市公园公平的核心问题是公共产品和服务的空间配置，最重要的是这种配置是否满足了不同群体的需求。我国公园规划决策主要从规模大小和布局形式等物质角度来考虑，对人群使用需求、偏好考虑不足。公园服务的公平性、有效性在很大程度上受制于自上而下的需求识别方式。主要表现为：①需求识别理念缺位，处于压力型体制下的政府，容易倾向于将经济绩效产出明显的项目放在供给的优先位置，对城市公园等公益项目的热情不高；对公众的需求和满意度了解较少、反馈较少，从而形成了政府提供、公众被动接受的单向供给模式。②需求识别技术制约，导致传统公共服务布局与决策中主要以官方的统计数据、科研机构的社会调查数据为主；而数据获取难，分析周期长，也造成了公众需求数据不可避免地出现与时代发展的相对滞后性。

2.5 小结评述

本章介绍了空间正义的理论基础，并从空间正义视角对城市公园的特征进行解读，对城市公园建设实践进行反思，对城市公园公平绩效评价进行审视。提出国内公园公平绩效评价存在缺乏行之有效的评价方法、对公园空间的社会属性考虑不足、忽视差异性正义、人的需求识别缺失等问题。认为空间正义思想公平、以人为本、尊重差异的价值观以及社会空间辩证统一、关注主体微观生活等主旨思想，与现阶段我国追求社会公平、注重社会与空间治理的有机统一、把人民对美好生活向往作为奋斗目标等重大决策相吻合，能够有针对性地指导城市公园公平绩效评价存在的问题，为城市公园公平绩效评价提供理论支撑，为城市公园公平正义从理论层面的话语生成走向实践层面的操作提供指引。

本章主要起到理论引入和导出后文的作用，与本书主题"公园公平绩效评价"的关系主要表现在以下几点：

（1）引入理论基础，介绍了空间正义的起源、发展、主体理论，从中可以看出空间正义理论已经成为指导城市规划研究与实践的重要理论之一，其对城市公园公平性方面的研究指导具有可行性。

（2）从空间正义理论认识了城市公园的特征，强调了城市公园在空间正义理论语境下的适用性。

（3）分析了国内城市公园建设的非正义现象、实质矛盾，这些问题的产生都与国内城市公园公平绩效评价缺位有直接关系；对国外公园建设进行了介绍，体现出公园公平性建设与绩效评价在国外已经由理论上升到实践层面，对后文的优化策略起到了启迪作用。

（4）基于空间正义理论分析了国内公园公平绩效存在的问题，指出国内构建城市公园公平绩效评价方法的必要性和迫切性；由此，引出后文理论构建、实证分析、优化策略章节。

第3章
空间正义视角下城市公园
公平绩效评价的理论框架与方法

3.1 城市公园公平的内涵、分类、差异表现

3.1.1 内涵

城市公园具有公共物品的属性，其本质上是城市经济学与城市地理学在城市规划上的社会公平的体现。虽然国外关于城市公园公平的研究已经持续较久，对公园公平性的评价方法和建设策略不断丰富，但关于城市公园公平的确切定义却不多见。

在不同的领域，公平有不同的内涵。在探讨某一领域的公平内涵时，必须明确该领域的活动目标，才能准确把握公平的度量标准。如在经济领域，其活动目标是获取经济利益，因此，经济领域内公平的内涵就可以理解为人们参与经济活动的机会均等。同理，在讨论城市公园公平的内涵时，首先必须考虑城市公园活动的目标。

从第1章城市公园内涵阐述可以得出，城市公园具有公共性特点，以满足市民休闲游憩和改善城市生态环境为主要目的。因此，本研究认为城市公园公平就是要通过调整与优化空间布局，使不同社会经济属性居民在同等质量公园资源使用上具有相同的权利和机会，且不同城市区域可获得相对一致的城市公园服务效益。

3.1.2 分类

城市公园公平并非单一层次或维度的概念，有关城市公园公平的分类还少有探讨。本书借鉴国内外教育公平与卫生公平的研究成果，从实现过程和评价角度两个方面对城市公园公平进行分类。

1. 按实现过程分类

按实现过程，城市公园公平可以分为起点公平（权利公平、机会公平）、过程公平和结果公平。起点公平又称权利公平或机会公平，是指个体的公园享有权利和机会不因种族、民族、性别、职业、家庭出身、财产状况、宗教信仰的不同而有所差异，这是城市公园公平性得以实现的前提，必须从规划政策制度方面予以保障。过程公平是指所有受影响的群体均被公平地纳入公园规划与决策过程，是衔接起点公平与结果公平的重要途径。结果公平又称效率公平，是指不同社会成员获得大体相同的城市公园福利，不同空间获得大体相当的城市公园辐射与发展建设机会。

2. 按评价角度分类

从对公平的评价角度分类，城市公园公平可以分为横向公平与纵向公平。横向公平，即不考虑个体或者群体之间能力和需求的差异，强调人人享有公平参与公园活动的机会。纵向公平是指关注到不同社会经济及行为能力差异的个体或群体的能力和需求是不同的，提倡公园服务应向特定的弱势群体倾斜，避免对贫困阶层的空间剥夺和弱势群体的空间边缘化，保障弱势群体也能够享受到城市公园福利。

本书的城市公园公平体现的是机会平等和纵向平等的观点，即享受公园是公民的基本权利，应建立相应的规划机制确保居民在城市公园享有上的机会平等，而不应因社会经济属性差异等原因使某些公民丧失享受公

共服务的机会。

3.1.3 不公平的差异表现

城市地理环境、文化、空间结构、土地利用、交通布局、规划主导思路等都会不同程度影响人群对公园的享有情况，加之居住空间的社会分异和城市公园明显的外部效应，城市公园的享有会表现出显著的差异性，本书将国内城市公园不公平差异表现总结为以下三点：

1.公园数量、面积、可达性、质量的空间差异

城市公园的布局受多种因素的影响，有出于生态保护的考虑、有出于城市产业和人口流动引导的考虑。在市场力量的驱动下，城市公园决策表现出显著的区域倾斜性，目前国内大多数城市的公园多集中配置在城市中心或城市新区等优势空间，其布局主要关注如何高效满足整个城市的总需求、指标达标、产业与人口引导等问题，致使公园空间布局不均衡，不同区位居民无法获得相对平等的公园数量、面积、可达性以及同等质量的公园服务。

2.不同社会经济地位群体对公园享有的差异

个体的社会经济地位与之能够享有的社会、个人资源密切相关。在城市公园享有方面，精英阶层由于权利和资本的优势，能够选择距优质公园较近的居住空间，拥有较好的公园资源和可达性，且有能力选择拥有优越绿化游憩服务的封闭式住宅区，这些人群

的健身游憩选择多样化，可以选择去健身房、体育馆等消费场所进行康体活动、放松身心。而外来人口、低收入人群受到收入水平、通行方式、娱乐时间的限制，只能选择与自己能力相当的休闲空间与住房区位。不同社会经济地位人群在公园游憩需求方面也呈现出明显的分化，高收入阶层对公园品质、服务设施配置要求内容与低收入有所不同。

3.弱势群体对公园享有的差异

通常低收入者、失业者、下岗职工、进城务工人员等社会性弱势群体以及残疾人、老年人、儿童、妇女等生理性弱势群体都是社会关系中处于弱势的人群。弱势群体由于面临个人资源和社会资源的双重剥夺，与其他群体相比，其对公园等免费公共空间的需求度更高、对于公园公平供给的需求更高。如老年人身体状况日益衰退，残疾人遭受健康问题的侵扰，儿童由于有限的独立活动能力以及有限的空间活动范围等因素，这些弱势群体自身的生理弱势使得他们获取资源和服务更容易受到影响和限制。

弱势群体的城市公园不公平性表现为：①空间布局的不公平，弱势群体对于城市公园的需求度和便利度有较高的要求，不合理的空间布局将使弱势群体的公园可达性降低。②游憩、活动设施的不适用性、无障碍设施缺失及环境的不安全性将严重限制弱势群体参与公园活动。公园是弱势群体健身游憩、社会交往的主要空间，也是其与社会互动的纽带，公园参与的限制，将使得弱势群体与社会活动的纽带被削弱，由此造成弱势群体社会排斥的进一步加剧。

3.2 城市公园公平绩效评价的理论框架构建

3.2.1 公园公平绩效评价的概念

公平是资源分配的相对平等，城市规划领域关注的公平主要有两类：第一类，基于普遍平等的公平；第二类，基于公众需求和弱势补偿的公平。"绩效"（performance）概念最早由管理学领域提出，意为成绩、成效。20世纪90年代，绩效评价开始应用于城市规划领域，被用于衡量某种城市专项职能（如经济绩效、环境绩效、社会绩效）或城市中某一类特定用地或设施的功效，是对城市空间利用效率高低、成绩好坏的衡量。

结合"公平""绩效""绩效评价"三个概念，本书对"城市公园公平绩效评价"定义为：根据城市规划评估的范式，以与同时代发展背景相吻合的公平性原则为评估标准，运用科学合理的评估方法，对城市公园规划方案或规划决策的形成、执行、监督等实施过程的评价、抑或针对城市公园规划实施结果的评价，其目的在于对城市居民享有的公园服务公平性进行客观衡量。

3.2.2 理论框架的生成逻辑

1. 城市公园公平的实现路径

城市公园公平性评价的目的在于实现公园公共服务的社会公平，那么怎样的路径能够有助于公园公共服务公平性的实现呢？按照罗尔斯的说法，公平实现的路径应具备以下三个条件：①存在一个被所有人一致接受

的正义原则；②人们相信，这个社会的基本政治、经济和社会制度满足了这些正义原则；③全体公民认为该社会的基本制度是正义的，并能够按照基本制度行事[192]。从中我们可以获知公平实现的三个条件：①确立一种人们一致认可的共识性的正义原则；②人们能够根据这些共识性的正义原则评判政策制度、资源分配方式是否符合正义原则；③在对这些原则进行评判之后，如果人们认为政策制度和资源分配体制是符合这些正义原则的，就会遵循这些制度、体制来行事，否则便会提出改变制度、体制的要求。

基于前文提到的公平实现的步骤，本书认为，城市公园公平性的实现需要以下条件和步骤：

1）确定能够达成共识的公平性原则

各个时期不同的生产力发展水平下具有不同的公平观，公平的含义随着社会发展阶段的不同而变化，往往与价值判断密切相关，随着时空转换具有不同的内涵。所以，公平的实现过程中，首要的是确定能够达成共识的公平性原则。

2）运用公平原则进行事实与价值评价

包括对城市公园是否公平进行"质"的评价，以及对公平性的程度进行"量"的测度。

3）评价反馈

根据公平性原则对公园布局进行优化、完善规划管理制度与政策，从规划实施与政策制度两个方面对评价结果进行反馈。

2. 理论框架生成的逻辑演绎

依据前文城市公园公平性实现的路径，若想达到趋近公平的目标，首先要确定能够达成共识的公平性原则；其次，需要有科学

合理的评价方法。公平正义是一个具体的历史范畴，与一定的社会发展阶段和人民主观意愿相适应。根据前文对空间正义思想的梳理，本书认为其平等、人本、尊重差异的价值观以及社会空间辩证统一、以人民为中心等主旨思想，与现阶段我国追求社会公平、注重社会与空间治理的有机统一、把人民对美好生活向往作为奋斗目标等重大决策相吻合。其主体理论"社会空间的辩证统一""差异性正义""以人民为中心"为当代城市公园的公平性提供了基本的价值取向，可以作为当代城市公园公平性评价的基本原则。城市公园公平性评价作为城市规划评估的组成部分，其评价的范式与体系是相通的。

基于空间正义思想与城市规划评估的主体理论，本书衍生出城市公园公平绩效评价理论框架（图3-1）。

3.2.3　评价目的与作用

1.评价目的

城市公园公平绩效评价主要针对公园规划的实施结果进行评估，其目的在于：

（1）评估公园规划实施是否实现了预期设定的公平公正目标，是否推进或有助于这种规划目标的实现，是否体现出公平公正的价值理性。

（2）发现规划执行对不同利益主体产生的效果，发掘公园规划实施中存在的非公平现象、问题、原因。

（3）提出相应的空间优化对策。分析规划实施与预期目标之间的偏差与原因，反思不足，采取优化与修正措施，为下一轮规划编制、实施提供依据和方向。

2.评价作用

（1）"公平特征"的表达途径：把城市公园及其影响要素的各方面特征以指标、图则的形式表现出来，使人们直观、清楚地认知公园公平价值属性的空间表现。

（2）"公平议题"的交流、合意工具：作为交流媒介，辅助决策者、规划者、社会公众讨论和交换关于城市公园公平性的意见，就其存在的问题和发展方向达成一致。

（3）"公平议题"的分析、决策工具：通过定性定量等评价方法，客观分析城市公园公平差异的空间位置、内容表现、程度大小以及差异产生的社会、政策、规划等方面的原因，由此确定具体的规划政策与实施方案。

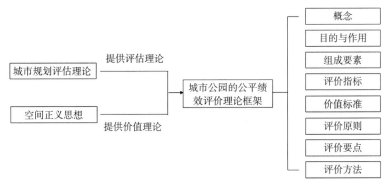

图 3-1　城市公园公平绩效评价理论框架生成的逻辑演绎

3.2.4 组成要素

与所有的规划评价一样，城市公园绩效评价同样包含评价主体、评价客体、评价目标、评价标准与原则、评价指标、评价方法等几个部分。基于对空间正义理论的借鉴，以及前文对评价主体、客体、价值标准、评价原则等内容的梳理，本书构建了城市公园公平绩效评价的组成要素，如图3-2所示。

3.2.5 评价指标

1. 评价主体

现代城市规划评估从工具理性、效率向交互协商的评估模式转变。因此，本书认为城市公园公平绩效评价主体应包括组织方（政府、城建及园林部门）、实施方（专业技术人员、第三方评估机构）、公众（社会公众、社会利益团体）三方。

2. 评价客体

根据前文对规划评估分类的介绍，城市公园公平绩效评价主要是针对公园规划的实施结果进行评估，其评价对象是作为建成环境的城市公园。按评价时机和评价内容分类，城市公园公平绩效评价隶属于实施结果评价（事后评价），不包括对规划方案和规划过程的评估。

3. 评价指标

在规划评估中，指标是评估的基础，而合理的指标是评估结果能否反映客观现实的关键。在城市公园公平绩效评价指标选择方面，本书认为主要遵循的原则有：①能够有效解释评估目标；②具有空间意义，可以用于空间横向比较；③指标要内含时间概念，即具有延续性，可以进行动态的历时性对比；④指标要易于操作。

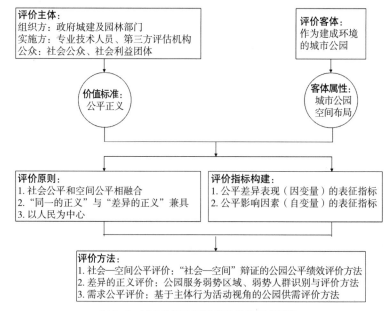

图3-2 城市公园公平绩效评价的组成要素

全面、客观地认识公平差异是公园公平性研究的基础。目前，国内城市公园公平性的差异维度还未得到完整的认知与定义。首先，"公园公平性差异主要体现在哪些方面"这个基本问题还没有得到重视，大部分都是从可达性单一维度来对公园公平性进行评价，甚至将可达性与公平性等同，对于公园质量公平的考虑尤其欠缺。其次，尽管国内已有少数研究将公园公平性研究扩展到了不同社会经济属性人群公园可获得性差异分析上，但大部分仅使用社会经济属性中的一个指标（如老年人、外来人口）作为社会经济属性的解释变量。国外研究认为采用单一指标会造成研究结果的片面性，需要更为充分、完整的指标表征社会经济属性，以提高研究结果的精度。基于此，本书构建了城市公园公平绩效评价的维度与指标，具体如下：

1）公平差异（因变量）的表征指标构建

在对国内相关研究进行梳理时，发现目前国内公园公平绩效评价大多是对可达性单一指标进行评估，本书提出公园公平绩效评价的差异指标应扩展为可达性、数量、面积、质量四个维度。

各指标含义如下：可达性（邻近度）描述一个地理单元到达最近公园的距离，不考虑公园的设施和大小。公园面积（数量）描述一个地理单元内公园的多少，常用的衡量指标有一个地理单元内（街道、社区）的公园数量、人均公园面积、儿童人均公园面积。公园质量包括公园设施、维护水平、犯罪率、安全性等特性，决定了居民是否使用以及活动类型、使用频率。一些研究通过居民感知测度公园质量，也有采用公园审计工具对各公园内设施、服务的数量和形式进行统计打分来表征公园质量情况。

基于以上公园供给的差异表现，本书构建了城市公园公平绩效评价的维度与指标，主要包括自变量（公园公平差异表现）（表3-1）和因变量（社会属性影响因素）（表3-2）两个方面。

城市公园公平绩效评价的维度与指标 表3-1

维度	具体可包含的指标	测度方法
可达性	到达最近公园的时间（距离） 某一时间（距离）阈值内能到达到达公园所需时间（距离）的均值	大数据方法、比例法、统计指标法、最近距离法、基于机会累积的方法、基于空间相互作用的方法
数量	某一时间（距离）阈值内能到达的公园数量 某一时间（距离）阈值内能到达的各面积等级（小、中、大）、各类型的公园数量	比例法、统计指标法
面积	公园总面积：某一时间（距离）阈值内能到达的公园的总面积 人均公园面积：某一时间（距离）阈值内能到达的公园总面积（研究单元内总人数） 儿童人均公园面积：某一研究单元内公园总面积（儿童人数） 距离居住地最近的公园的面积	比例法、统计指标法
质量	某一时间（距离）阈值内能到达的各等级（高、中、低）质量公园的数量 对某一时间（距离）阈值内能到达的公园内运动、游憩、审美、服务设施、不文明现象的数量（种类）进行调查、统计与打分	专家打分法（表3-3）、计数统计打分法（表3-3）

表征人群社会经济属性（因变量）的维度与指标　　　表3-2

维度	具体可包含的指标
社会结构	性别、年龄（14岁以下儿童人口比例、65岁以上老年人人口比例）、婚姻状况（已婚率或无配偶比例）、当地人口与外来人口比例、农业与非农业人口比例
收入	低保人员比例、贫困线以下人群比例、房价
教育	文盲率、高中或初中以下学历人数比例、大学以上学历人数比例
职业	失业率、蓝领从业人员比例、白领从业人员比例
住房	无住房户数比例、无厨房或卫生间户数比例、商品房户数比例、廉租房户数比例、老旧住房户数、人均住房面积

在过去快速城镇化进程中，国内主要从数量、面积衡量公园建设服务水平，对公园质量考虑较少。随着城镇化高质量发展的要求，城市公园也面临数量建设向品质提升的转型。但从某种意义上讲，城市公园质量的提升往往比数量增长难度更大、情况更复杂，意义也更深远，一些城市公园虽然数量、面积指标较高，但在游憩设施建设、维护管理等诸多方面还存在问题。

国内城市公园公平研究对于公园质量公平的考虑尤其欠缺，公园质量测度方法还少有介绍，本书借鉴国外学者所创建的开放空间审计工具（Public Open Space Tool，POST）和社区公园审核工具（Community Park Audit Tool，CPAT），针对国内公园设施内容与特点，构建了两种适用于国内城市公园质量测度的方法。

第一种为专家打分法，如表3-3所示。该方法操作简便，但没有考虑各因素的权重，因此，在使用时可根据各公园特色、居民使用需求特征进行分值分配和权重赋值。

第二种为计数统计打分法，如表3-4所示。该方法从活动设施、环境质量、服务设施、安全性4个维度、24个评价项目对公园质量

城市公园质量评分表　　　表3-3

指标	分值	子项目	子项目分值
面积大小	10	总面积	6
		可进入面积	4
审美价值	15	自然景观美观度	10
		历史文化价值	5
活动场地（运动、游憩）	30	场地数量	20
		场地种类的多样性	10
服务设施	25	座椅的数量与舒适性、休息空间的遮阴性	15
		公厕、饮水设施	10
管理维护	20	清洁状况	6
		设施、景观的维护状态	6
		安全性（警示牌、安全扶梯、护栏、路灯等设施）	8

城市公园质量测度维度、项目及计数方法　　　　　　　　　　表3-4

维度一：活动设施	
1. 公园中运动场地及设施的类型 （包括足球场、篮球场、网球场、羽毛球场、乒乓球场、跑道、平坦步道（≥200m）、自行车道等）	对公园中的运动场地及设施种类进行计数求和，按照二分法赋值： 1为≥2种；0为≤1种
2. 公园中进行体力活动的适宜性 你认为这个公园适合进行步行、跑步、球类等健身运动吗？	对公园体力活动适宜性进行评价： 1为非常适合，较适合，一般 0为非常不适合，较不适合
3. 公园中游憩场地及设施的类型 （包括游泳池、戏水池、游戏器械、沙坑、秋千、室内外舞台、室内活动室等）	对公园中的游憩场地及设施种类进行计数求和，按照二分法赋值： 1为≥2种；0为≤1种
4. 公园中是否有儿童游憩场地	对公园中的儿童游憩设施的有无情况进行观察，按照二分法赋值： 1为有；0为无
维度二：环境质量	
5. 公园中是否有水景	对公园中的水景有无情况进行观察，按照二分法赋值： 1为有；0为无
6. 公园的审美元素设计	对公园中的自然审美元素（水体、湖泊、河流、喷泉、叠水等）、人工审美元素（雕塑、景墙、花架等）、历史文化审美元素（历史文化遗址、遗迹）的数量进行计数求和，按照二分法赋值： 1为≥2个；0为≤1个
7. 公园步道旁的遮阴情况	对公园主要步道旁的遮阴情况进行观察评价： 1为非常好，较好，一般；0为非常差，较差
8. 公园的维护管理（清洁状况、植物修剪维护状况）	对公园设施及环境进行观察评价： 1为非常好，较好，一般；0为非常差，较差
9. 是否有故意破坏行为	对公园设施及环境进行观察评价： 1为无；0为有
10. 是否有涂鸦行为	对公园设施及环境进行观察评价： 1为无；0为有
11. 是否有乱扔垃圾行为	对公园设施及环境进行观察评价： 1为无；0为有
维度三：服务设施	
12. 公园中是否有公共厕所	1为有；0为无
13. 公园中是否有自助免费饮水设施	1为有；0为无
14. 公园中座椅数量是否满足人群使用需求	对公园中座椅使用情况进行观察评价： 1为数量足够、数量一般 0为数量严重不足、数量不足
15. 公园中座椅周围的遮阴情况	对公园中座椅周边遮阴情况进行观察评价： 1为非常好，较好，一般；0为非常差，较差
16. 公园中垃圾桶的数量	对公园中垃圾桶数量进行观察评价： 1为数量足够、数量一般 0为数量严重不足、数量不足

维度三：服务设施	
17. 公园入口是否有明确清晰的标志	对公园入口进行观察评价： 1 为有；0 为无
18. 公园内是否有游线指引图	1 为有；0 为无
维度四：安全性	
19. 公园中的照明设施是否完备	对公园中照明设施进行观察评价： 1 为数量足够、数量一般 0 为数量严重不足、数量不足
20. 公园入口处是否能被四周道路、房屋看见	对公园入口处的视线进行观察评价： 1 为与周围道路、房屋具有很好、较好的通透视线 0 为不能被周围道路、房屋所看见
21. 公园主要活动空间是否能被四周道路、房屋看见	对公园主要活动空间的视线进行观察评价： 1 为与周围道路、房屋具有很好、较好的通透视线 0 为不能被周围道路、房屋所看见
22. 公园中是否有栏杆缺失、梯道无扶手等危险因素存在	对公园内环境进行观察评价： 1 为无；0 为有
23. 公园中较深的水体、坡度较大的路面等危险因素周边是否有警示牌	对公园内环境进行观察评价： 1 为有；0 为无
24. 与公园入口相邻的公路是否有保证行人安全穿越马路的斑马线	对公园入口环境进行观察评价： 1 为有；0 为无

进行综合打分。每一维度后包含若干评价项目，通过对每个维度评价项目进行实地考察，对每个维度内每个评价项目的"有/无""多/少""好/差"进行实地考察记录，用二分法的"0"和"1"计数，用各项得分进行综合汇总得出的总分值表征某一公园的质量情况。

考虑到 4 个维度下的子项目数量不同，对汇总得到的公园质量得分进一步赋值优化。其方法如下：①采用四分位数把各公园每个维度得分进行排序。②将值"3"赋予那些得分位于上四分位数的公园，将值"2"赋予那些得分位于上四分位数和中位数之间的公园，将值"1"赋予那些得分位于中位数和下四分位数之间的公园，将值"0"赋予得分位于下四分位数的公园。③由此得到每个公园 4 个

维度的得分，将 4 个维度的得分相加，每个公园的总分均在 0~12 之间。

此外，在质量评价中还考虑到了面积对公园质量的影响，公园面积越大其可布置的设施内容越多，吸引力也越大，因此，在对每一处公园质量得分计算的结果上进行尺寸加权以提高质量评估的准确性，公园质量计算公式如下：

$$P_{Qj} = P_{sumj} \times P_{ij} \qquad (3-1)$$

$$P_{ij} = (AREA_{Pj} / AVG_{Pj-n})^{\beta} \qquad (3-2)$$

式中，P_{Qj} 表示公园 j 的质量得分，P_{sumj} 表示公园 j 按照表 3-4 计数打分法得出的数值。

P_{ij} 表示公园 j 的尺寸加权得分；$AREA_{Pj}$ 为公园 j 的面积，AVG_{Pj-n} 为所有公园的平均面积，β 为衰变系数，参照 Sugiyama 等人的研究成果，β 取值为 0.85。

综上，基于公园供给的差异表现，本书构建了城市公园公平绩效评价的维度与指标，将公园供给的公平状况按照可达性、数量、面积、质量进行分类，能够更直观、精确地为规划决策提供信息，对特定的不公平差异进行修正。

2）公平影响因素（自变量）的表征指标构建

城市公园的公平差异影响因素主要包括经济的、环境的和社会属性三方面。经济影响包括规划、建设、维护投入的资金成本等；环境影响包括地形地貌、土地利用、水文等；社会属性主要指社会经济属性差异对人群公园享有的影响，是社会公平研究重点关注的影响因素。城市公园社会公平研究的核心关注点是不同社会经济属性（经济地位、种族背景、年龄、性别、健康状况、政治权力）群体的公园服务是否有所差异。

西方国家具有多种族和多元移民的国情背景，空间隔离、社会融合、贫民窟等问题是西方国家多年面临的社会难题。因此，其城市公园公平绩效评价中，非常注重社会因素如社会经济地位、种族、阶层对公园公平性的影响。近十多年，越来越多的学科，如医学、心理学、犯罪学融入西方城市公园公平性研究，议题涉及环境正义、健康正义，认为公园享有的公平性会影响不同人群的健康状况，同时分析公园与犯罪率之间的关系，希冀通过公园合理布局促进社会融合与稳定。克劳福德（David Crawford）构建了6个主成分来表征社会经济属性差异，分别为：社会等级（收入、教育）、家庭构成（家庭人数、是否单亲）、迁移性（居住时长）、种族（种族类别）、城市化（人口和住宅密度）、住房情况（房屋价格、住房产权）[193]，这种指标表征方式被应用于多个城市绿地公平性研究中。

与西方国家相比，我国人口种族单一，但在收入、教育、城市化水平等方面存在较大差异，随着中国城市政务数据的逐步开放和共享，未来城市公园在这些差异方面的社会公平研究亟待加强。本书针对我国国情与资料的可获取性，总结了在公园公平性研究中需要考虑的几种社会经济属性，主要包括社会结构、收入、教育、职业、住房五个方面，构建了表征人群社会经济属性的维度与指标（见表3-2）。

3.3　城市公园公平绩效评价的价值体系构建

针对规划评价工作，最重要的就是明确评价的价值体系，具体包括价值标准、评价原则、评价要点等。价值体系的设定依据主要可分为三种：①以符合性标准为核心，即根据城市规划的职能要求与价值取向。②以反馈公众的服务效率为标准。城市规划工作的主旨在于满足人民群众对美好生活空间的向往，所以，城市规划评价的价值体系必须能够体现空间的服务状况、使用状况。③符合同时期社会主要矛盾、发展背景为标准。

基于上述标准设定原则，本书认为公平正义是城市公园公平绩效评价的价值体系的核心，但公平正义的含义太宽泛，对于每个学科领域的指导意义都存在差异，且公平具有相对性、发展性，不同时期公平强调的重

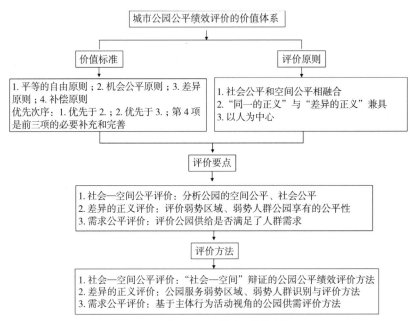

图 3-3　城市公园公平绩效评价价值体系

点也具有差异性。公平正义是城市公园追求的价值准则，但什么样的公平正义与当代中国社会与国情相符，且能适用于城市公园领域，这是一个难以把握的问题。

基于此，本书构建了城市公园公平绩效评价的价值体系（图 3-3），并根据价值体系中价值标准、具体原则、评价要点的梳理，衍生构建出城市公园公平绩效评价方法。

3.3.1　评价的价值标准

本书的"公平"概念，是沿用目前学界的普遍提法，即广义的公平，认为"公平"与"公正"两个概念是融合在一起的、密不可分的。而不是以狭义的公平定义方法对"公平"与"公正"加以明确区别、割裂。

改革开放后，虽然西方公平思想陆续涌入国内，但怎样的公平原则是适合中国国情

与发展背景的，是国内学者广泛关注的话题，其中具有代表性的一位学者姚洋根据当下中国经济迅速发展与贫富差距拉大共存的时代特征，与时俱进地阐释了"公平公正"的内涵。

姚洋的公平公正思想具体体现在四个层次：第一个层次是关于人身权利的均等分配；第二个层次是与个人能力相关的基本物品的均等分配；第三个层次是关于其他物品的功利主义分配；第四个层次是国家对于社会和谐的考量。这四个层次要按词典式排列：第一个层次优先于第二个层次，第二个层次优先于第三个层次，第四个层次是对前三个层次的补充，管辖第三个层次所没有涉及的领域[194]。

本书将姚洋的公正思想融入城市公园领域，梳理城市公园公平绩效评价的价值标准（表 3-5）：

第一个层面，平等的自由原则。指个体

城市公园公平绩效评价的价值标准解释　　　　　　　　表3-5

公平的价值标准	1. 平等的自由原则	2. 机会公平原则	3. 差异原则	4. 补偿原则
具体内容	保障公民公园使用基本权利的公平	为公民享受公园福利提供均等的分配	差异化配置，满足多元人群的使用需求	对于弱势群体的关怀
优先顺序	1. 优先于2.；2. 优先于3.；第四个层次是前三层次的必要补充和完善			

的公园享有权利和机会不因其种族、民族、性别、职业、家庭出身、财产状况、宗教信仰的不同而有所差异，这是城市公园公平性得以实现的前提。

第二个层面，机会公平原则。城市公园要合理布局，为公民享受公园福利提供均等的分配，使每个人拥有等量的享受公园使用权利的能力。

第三个层次，差别原则。城市公园规划在满足公众基本权利和物品分配的前提下，可以在公园类型、游憩设施等方面实施差异化配置；提高公园服务的多元化，满足多元人群的使用需求。

第四个层次，补偿原则。是城市公园基于公平正义理念对弱势群体的关怀。城市公园规划对于满足前三个层次条件后仍然不能获得与其他人群平等发展能力的群体，如低收入群体、失业者、残疾人、儿童、老年人等，要提供特定的帮助机制。

同上，在上述四个层次中，四个层次具有优先次序：前三个层次中，上一层次优先于下一层次，第四个层次是对前三个层次的必要补充和完善。

评价的价值体系明确了城市公园公平的价值标准和这些标准的优先次序，它说明公平不是一蹴而就，也不是全面兼顾的理想状态，而是一个循序渐进的过程。此外，它说

明了公平的递进层级，在判断评价公园公平绩效时，应保障最基本的平等的自由原则、机会公平原则，在此基础上进一步保障差异原则和补偿原则。

3.3.2　评价原则

现阶段，我国面临资本的同质化逻辑与民众主体的使用需求之间的矛盾，以及主体需求的自身差异，使得城市空间生产成为一个充满矛盾的场域，解决的关键在于一致的哲学和道德基础，即构建一种空间正义理论或范式[195]。因此，需要针对具体的学科领域、具体的时代背景将"公平"的内涵具体化，使其更具可操作性，更有效地解决社会矛盾。

本书认为空间正义思想的主体理论与现阶段我国追求社会公平、注重社会与空间治理的有机统一、把人民对美好生活向往作为奋斗目标等重大决策相吻合，能够有针对性地指导城市公园公平绩效评价存在的问题，为城市公园公平绩效评价提供理论支撑。

空间正义思想对城市公园公平绩效评价的借鉴在于：①社会公平和空间公平应该相互融合；②在注重"同一的正义"的同时，还需关注到"差异的正义"；③城市公园公平性应体现出基于主体逻辑的公平。基于此，本书构建了城市公园公平绩效评价的基本原

则，具体如下：

1. 社会公平和空间公平相融合的评价

空间正义视空间与社会为一体，并将空间作为一种媒介和载体，通过分析显现和蕴藏在空间之中的各种非正义问题来透析社会问题在空间中的投射。城市公园公平绩效评价需要城乡规划学与社会学共同构建一个以"社会—空间"互动为变量的规划评价体系，从社会公平与空间公平两个方面衡量城市公园供给的公平性。

2. "同一的正义"与"差异的正义"兼具的评价

空间正义中"差异性正义"观点是指在平等性、同一性作为首要伦理诉求的基础上，"同一的（平等的）正义"与"差异的正义"两个原则同时并存，只有两者同时得到重视与合理安排，才能实现公平与效率的真正统一。

以物质利益关系为尺度，社会形态的更替可分为同质性社会（物质利益完全无差别）、对抗性社会（阶级利益冲突与对抗）和差异性社会。我国目前正处于"差异性社会"，人民在根本利益、长远利益上趋于一致，而在局部利益和眼前利益方面不断分化，人群分为不同阶层；市场化、现代化、全球化三大潮流进一步强化了差异性社会的现实。差异性社会是和谐社会的现实基础，和谐社会的现实基础（差异性社会）决定了和谐社会追求的公平正义应是"差异的正义"。治理差异性社会的基本原则，应当是"差异的正义"与"同一的正义"同时并存。城市公园的公平性也体现出多维度的差异性，因此，城市公园公平绩效评价应对"同一的正义"与"差异的正义"两个方面均进行客观评价。

3. 以人民为中心的评价

空间正义强调正义应回归主体性与微观性逻辑，即以人民为立场，关注底层群众的微观生活。在公园公平绩效评价领域，应关注居民的使用需求，从需求公平、使用行为视角探索公园的公平绩效，关注公园规划实施对不同利益人群的影响是怎样的。

3.3.3 评价要点

本书认为城市公园公平绩效评价应有助于规划决策者发现公园布局中的空间问题、社会问题与人群需求状况。在评价中，应该通过定性、定量方法对以下几个问题进行深入解读。

1. 公园供给的社会公平、空间公平

目前国内已有的公园公平绩效评价多停留在空间公平阶段，大多采用人均公园面积、服务半径、可达性指标评价公园服务量的区域差异。随着社会空间分异、人群需求多元化的发展趋势，还需进一步评价不同社会经济属性人群公园享有的社会公平状况，探索数据支撑路径、完善相关评价方法。

2. "差异性正义"的评价

根据评价原则，公园公平绩效评价需要兼顾"同一的正义"与"差异的正义"。"同一的正义"是指将空间、人群无差别对待的均等化，是区位理论指导下公园布局评价方法；而"差异的正义"重点在于分析弱势群体的公园需求是否得到了满足，以指导公平正义理念中的"弱有所扶""对弱势群体的适当倾斜"观点的实施落地。

实现"差异的正义"的评价的路径如下：首先应构建识别差异的方法，辨识哪些区域是公园服务的弱势区域以及哪些群体在城市公园供给中处于弱势地位；其次，探索弱势区域、弱势群体公园服务差异程度的量化方法。

3. 公园的需求公平评价

目前国内公园建设模式停滞不前与居民与日俱增的游憩健身需求之间矛盾不断加剧。由于我国城市公园规划决策主要从规模大小和布局形式等物质角度来考虑，对人群公园使用需求、偏好考虑不足。因此，新时期城市公园公平绩效评价须将需求公平纳入评价范畴，更好地推动公园规划迎合时代发展。

3.4 城市公园公平绩效评价方法构建

基于上述对公园公平绩效评价的价值标准、评价原则、评价要点的梳理和对空间正义理论的借鉴，本书构建了城市公园公平绩效评价方法，包括三方面内容：①针对社会公平、空间公平评价的方法——"社会—空间"辩证的城市公园公平绩效评价方法；②针对"差异的正义"的评价方法——公园服务弱势区域、弱势人群识别与评价方法；③针对需求公平的评价方法——基于主体行为活动的城市公园供需评价方法。

"社会—空间"辩证的方法是公园公平绩效评价方法的基础方法，"差异的正义"评价方法、需求公平评价方法是基础方法下的有效补充。其中，"差异的正义"评价方法是保障，以弱势群体的公园服务需求为底线，分

析不同社会属性群体公园享有的公平性；需求公平评价方法是核心，在于强调公平评价的重点不仅是空间公平更应是对人群公园使用公平的关注。这三种方法与公园公平绩效评价的评价原则、评价要点相对应，三种评价方法互为补充，从不同侧面反映城市公园不同角度的公平问题。

3.4.1 社会—空间公平评价："社会—空间"辩证的公园公平绩效评价方法

空间正义思想的"社会—空间辩证法"理论为城市空间公平正义研究提供了理论基础。"社会—空间辩证法"认为空间正义应包括"正义的社会性""正义的历史性""正义的空间性"三个维度，三者两两交互，最终形成三元辩证关系。

本书将"社会—空间辩证法"引入城市公园公平绩效评价方法论中，构建了基于"社会—空间"辩证视角的城市公园公平绩效评价方法（图3-4、图3-5）。

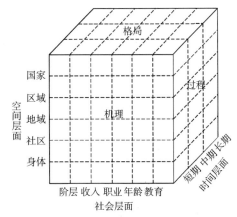

图3-4 基于"社会—空间"辩证视角的城市公园公平绩效评价方法示意图

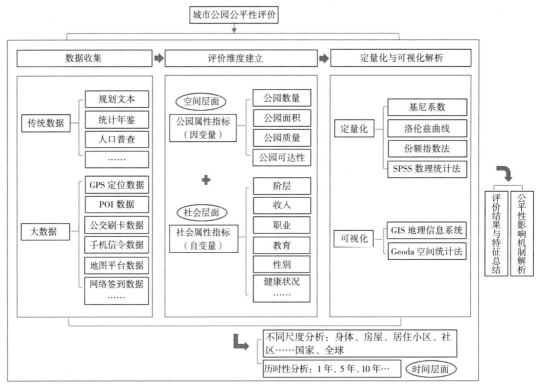

图 3-5　基于"社会—空间"视角辩证的公园公平绩效评价流程图

1. 评价方法含义解析

其含义为：在研究的尺度方面，城市公园的研究尺度可以小到社区，大到全球城市的对比研究，其尺度具有一定的扩展性。在评价视角上，城市公园公平绩效评价应从社会、时间、空间三个层面，分别辨析公园公平性在社会公平、时间公平、空间公平三个方面的表现。不仅考虑公园在空间上的均衡性，还应从社会视角，分析不同社会经济属性人群公园享有的公平性。由于公平正义具有相对性与动态性的特征，公平正义标准、内涵与时代背景和社会生产力水平息息相关。因此，需要从时间层面进行历时性分析，获知不同时间段城市公园公平性状况，进而客观分析影响城市公园公平的内在机制。空间、

时间、社会三个尺度交互作用对应着地理学传统的"格局—过程—机理"的方法论。

2. 评价方法要点解析

1）社会与空间相结合，从描述性向解释性转变

目前，国内主要从"空间"这一物质维度来指导公园公平建设，单纯从空间角度的可达性、面积/数量衡量城市公园的公平性，把空间内所有的人都视为"同质"的、"均匀"的人，对公园社会属性、不同人群使用需求差异考虑欠缺。基于"社会—空间"辩证观点，城市公园具有"社会—空间"双重属性，其公平研究也应从空间与社会互动的角度切入。

未来城市公园的技术正义将超越空间地理布局，在兼顾可达性同时按人群社会经济

地位细化标准，将不同人群使用舒适性放在首位。这需要规划评估、实证方法的创新，包括定性分析、定量分析和情境分析，以及社会学、人类学方法，以捕捉不同尺度、不同层次和不同人群的不公正现象。应考虑社会问题的空间分布以及居民的社会经济属性要素，在社会空间分异和社会群体分化的现实特征上，分析不同群体的公园供给状况。在该环节中，主要分析思路如下：

（1）以现实的地域社会问题与居民实际行为特征为分析基础，以便更好地反映地域背景下公园的真实使用面貌。分析社会如何影响空间的构建，解析社会问题在公园空间中的映射与表现。

（2）应充分结合民众的真实出行方式来进行可达性测度，这一点尤为重要，因为以往大部分可达性测评采用的是一种理想的理论与测量方法，未考虑现实中地形、道路网络、交通拥堵等空间阻力对可达性的影响，影响了可达性评价的精确度。

（3）辨识不同社会经济属性居民的空间集聚特征，分析公园属性的空间特征与不同居民社会经济属性空间特征之间的关系。

（4）可视化、定量化公园不公平区域与不公平程度。从自然基础、城市发展历史、社会经济等多角度分析其影响机制，提出规划应对措施。

2）探索大数据的应用

国内已有的公园公平性研究存在数据缺乏、难以定量化等瓶颈。在互联网经济快速发展背景下，由于大数据、人工智能、智慧城市等新的城市数据收集和管理手段不断出现，城市空间信息和人群个体特征能够精确

地被描述，从而弥补了传统空间数据精度不足、社会人口统计数据中缺乏个体数据等问题。在城市公园公平性评价中可以用到的数据类型有：手机信令数据、社交媒体数据和交通信息数据。

手机信令数据通过基站连续不断追踪手机用户的位置、状态等信息，实现对手机用户活动比较全面完整的记录，从而为公园公平绩效评价研究提供数量庞大的游客时空信息样本。目前手机信令数据已被应用于城市公园布局问题诊断、公园游客时空分析、容量预警、活动轨迹追踪等领域。2019年，肖扬等在《风景和城市规划》（Landscape and Urban Planning）杂志上发表文章[196]，以上海为例，采用手机信令数据识别和描述不同人群访问公园的行为模式，进而对城市公园的公平性进行评价。

社交媒体是公开的舆论平台，用户可在上面分享日常生活及情感状态，并留下个人活动时空信息。许多社交媒体平台（如Tiwtter、Foursquare、Jiepang、新浪）都支持签到选项，允许用户在互联网上分享他们的位置信息。采集社交媒体数据除了能获取用户游憩时间、定位、活动内容、居住地位置等信息外，其最大优势在于能通过留言和图片信息批量分析甄别推导游客的思维、情绪等精神状态。目前，社交媒体数据已被用于地理空间分布或用户行为研究。

交通信息数据包含公交刷卡、地铁站刷卡、出租车定位、共享单车定位等数据，通常会涉及用户出行起终点定位、停留时间、出行频率等信息。

综上，大数据与传统问卷调查等常规抽

样信息的区别在于它需以居民生活工具为媒介来采集，更能反映真实的公园使用特征，为描述真实世界的公园使用情况提供了新的视野。同时，与大数据的结合有助于精准定位不同弱势群体的空间聚集位置和社会需求，使得城市公园规划与管理对策能够有的放矢。

3.4.2 差异性正义评价：公园服务弱势区域、弱势人群识别与评价方法

空间正义强调在空间生产关系中，应关注主体，尤其是弱势群体的自由、机会均等和全面发展。其"差异性正义"概念，认为正义不是一刀切的空间平均主义，而应是针对弱势群体进行有利的倾斜，对他们的空间利益进行识别与补偿。然而，目前城市规划及开放空间规划过程中，对于社会公平问题考虑较为欠缺，偏重"效率"原则，将人视为无差别的抽象个体，秉承有限的公共空间资源最大限度地服务于最多数人的原则。弱势群体作为其中的"少数"与"差异个体"，其空间权益往往受到忽视，甚至被剥夺、侵

犯。如有学者指出，现行的城市化实际上捍卫的是城市精英的利益，而不是普通民众和底层群体的利益[195]。其实，问题的核心并不在于精英阶层成功地伸张了他们对空间的使用要求，而在于精英阶层对空间的需求很少被质疑或拒绝。我们应该反思现行的城市化模式，它奠定的是一种空间分异、不利于弱势群体的秩序。

综上，有必要在规划实施过程中，增加弱势群体及其聚居的弱势区域识别环节，用以明晰"哪些区域是社会剥夺的严重区域""哪些人受到了不公平的资源分配对待"，通过精准识别环节确定公园的高需求区域和供给失公人群，由此采取针对性的空间优化措施。

基于此，本书构建了城市公园服务弱势区域、弱势人群的识别方法（图3-6），以弥补城市公园规划中对弱势群体社会公平问题的考虑缺失。规划需要综合分析城市的社会、物质环境，通过人群社会经济属性、公园空间布局、人群需求等多方面理性分析；公正地识别被现行城市公园规划政策所排斥或忽视的人群，将他们作为正义补偿的目标人群，进行针对性的改善；这一过程是确保公园布

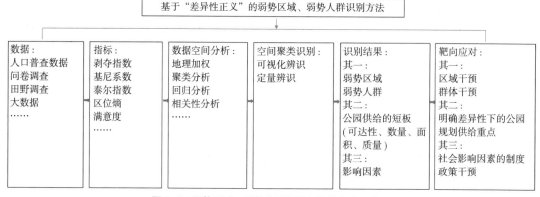

图3-6 弱势区域、弱势人群识别与评价方法示意图

局公平优化精确性与有效性的必要前提。

该方法通过数据定量化、可视化指导城市公园服务精准识别弱势区域和弱势人群。其获得的结果可以有效指导公园规划实施，通过以下三个方面的操作，落实"差异的正义"概念，有效实现弱势群体空间利益识别与补偿目标。

这三个方面的操作主要包括：①识别弱势区域、弱势人群的空间位置、格局特征；②识别弱势区域公园供给（数量、面积、可达性、质量）的短板维度，以针对性地采取优化策略；③获知影响城市公园公平格局的社会因素，以采取有效的政策制度进行干预。

3.4.3　需求公平评价：基于主体行为活动视角的公园供需评价方法

受社会维度数据获取难度大等现实因素制约，国内城市公园公平性实践与研究大多从空间角度，对比公园服务水平（数量、面积、可达性）的区域差异，对于公园自然系统与人文系统的交互关系，以及公园属性与人群属性关系的考量较为欠缺。规划与评价对象上，多将公园视为"均质的空间"、将民众视为"均一的人"，已无法适应当前空间分异与社会群体分化的社会背景。未来公园规划评价需要基于各类人群的使用需求和行为特征，分析"哪些人获得了多少以及获得了什么样的服务，其背后的公平影响机制是什么"（Who gets what and why？）。

本书基于空间正义"以人民为中心，关注日常微观生活"的主体理论，构建了基于主体行为活动的城市公园供需评价方法（图3-7），该方法的特点在于规划评价视角由单一的自然系统向自然系统与人文系统交互的转变（图3-8），改变以往依靠物质空间单一向度看待城市公园的思路，转变为深入探讨公园（客体）与人（主体）之间、公园的自然系统与人文系统之间的相互作用和解释性分析。表3-6为该模式的组成要素、指标获取方法。

规划评价框架的核心思想在于：将城市公园的物质、空间属性与人的社会经济属性相结合，关注不同人群使用需求、行为特征与特定公园之间的关系。考虑某种特定空间模式为什么产生、在什么背景下产生，谁在使用这一空间，谁被排斥使用。通过以上逻辑从表象揭示本质，分析城市公园公平绩效

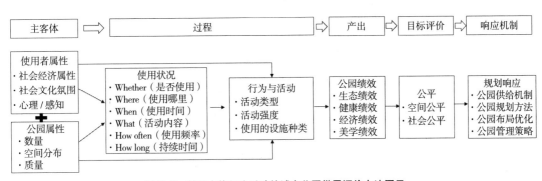

图3-7　基于主体行为活动的城市公园供需评价方法图示

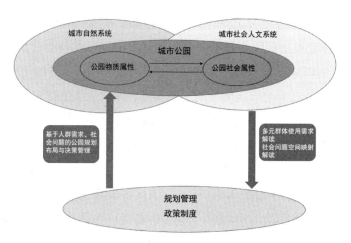

图 3-8 自然系统与人文系统交互的视角

评价方法的组成要素、指标 表3-6

要素	维度	指标	获取方式及测量方法
公园属性	数量	面积、绿化覆盖率、水体面积、组成元素及各元素数量	RS/GIS、观察、资料查阅
	空间分布	可达性、均匀度	GIS/统计指标法/旅行距离/最小距离法/引力模型法/两步移动搜寻法
	质量	景观连接度、破碎度、乔灌草植物种类及比例、种群丰富度 设备、设施的数量、审美性、管理维护水平	景观分析工具如FRAGSTAT；样方测量、生物丰度指数等观察、专家打分法
使用人群属性	社会经济属性	年龄、性别、受教育水平、职业、收入	人口普查数据及问卷访谈调查
	社会文化氛围	地域文化、宗教信仰	观察、问卷、访谈
	影响使用的主观行为、态度	闲暇时间的数量与分配 可接受的出行时间与距离 休闲游憩行为的动机 对城市公园的感知	问卷、访谈
使用行为与使用状况	Whether（是否使用）	Yes/No（是/否）	问卷、访谈、观察、行为记注、大数据等方法
	Where（发生地点）	地点名称、GPS地理坐标	
	What（行为内容）	活动的类型及强度： ·积极活动：跑步、打球等健身活动 ·消极活动：散步、静坐、聊天、烧烤、遛狗	
	When（发生时间）	清晨/下班/傍晚 工作日/周末/公共假日	
	How often（发生频率）	有规律地/随机地/间歇地 一周/一个月/一年的使用次数	
	How long（持续时间）	在公园内停留的时间	

的原因与影响因素；采取相应的规划与决策机制进行修正与优化，进而实现趋近公平这一目标。

3.5　小结评述

本章阐述了城市公园公平的内涵、分类、差异表现，并基于城市规划评估理论和空间正义理论构建了城市公园公平绩效评价的理论框架。理论框架具体包括：公园公平绩效评价的概念、评价的目的与作用、组成要素、评价指标、价值标准、评价原则、评价要点。

本章节的重点内容为以下几点：①构建了适合于国内公园公平绩效评价的指标，具体包括差异表现（因变量）的表征指标和影响因素（自变量）表征指标两个方面；②明确了公园公平绩效评价的价值体系；③以价值体系为指引，以空间正义理论为基础，构建了三种公园公平绩效评价方法。这三种方法与公园公平绩效评价的评价原则、评价要点相对应，三种评价方法互为补充，从不同侧面反映城市公园不同角度的公平问题。"社会—空间"辩证的方法是公园公平绩效评价方法的基础方法，"差异的正义"评价方法、需求公平的评价方法是基础方法下的有效补充。其中，"差异的正义"评价方法是保障，以弱势群体的公园服务需求为底线，分析不同经济群体公园享有的公平性；需求公平的评价方法是核心，强调公平评价的重点不仅是空间公平，更应关注人群在公园使用上的公平。

第 4 章
"社会—空间"辩证的
公园公平绩效评价方法实证

城市公园的公平绩效评价应该是对空间公平与社会公平融合的评价，将设施的空间布局与人口属性的空间分布相结合，关注城市社会—空间相互影响下非正义产生与作用机理。目前，国内公园公平绩效评价单纯从空间公平角度衡量可达性、面积/数量的均衡性，对于公园的社会属性、不同人群在公园使用方面的公平性考虑欠缺。

社会分层和住房消费分异是现阶段国内城市公园不公平的重要诱导因素。改革开放后，我国实行土地使用制度改革，原有的"单位制"住房分配体制向住宅市场化、商品化转变，政府的土地批租制度、开发商的资本逐利行为加剧了城市建设的"圈地运动"，城市公共空间的过度资本化现象也逐渐凸显。计划经济体制下相对同质、简单的城市社会空间逐渐呈现出分异；社会分层和住房市场的多样化正重塑社会空间，同时使得城市优质景观资源的占有、使用产生不平等。

本章研究范围为重庆市中心城区，以中心城区范围内4663个居住小区作为空间分析单元，将这些居住小区按照房屋均价划分为5个等级，采用互联网地图实时通行数据、GIS空间分析、SPSS数理统计方法，探索土地和房地产市场化背景下不同价格级别居住小区的城市公园供给是否存在公平差异。研究不仅分析了公园的空间公平状况，还从社会分层和消费分异的社会公平视角，辨析社会不公平因素是否对空间产生影响。

4.1 研究区域与方法

4.1.1 研究区域

研究范围内公园面积4115.27hm²，包括综合公园、专类公园、社区公园、游园四类共计335个（图1-4），约占重庆市主城区公园总面积的90%。研究以居住小区为尺度，旨在以中观尺度对重庆中心城区范围内的公园公平绩效进行评价。

4.1.2 数据与方法

1. 大数据方法

从安居客、链家网获取研究范围内居住小区POI信息（包括小区名称、房屋均价、经纬度、户数、总建筑面积、容积率等），共获取点状数据4663个。4月份天气舒适，较适合户外活动；18：30~20：30是人们使用公园的主要时段之一，故选取此时段为通行时间观察时段。利用高德互联网地图服务器获取步行和公交（包括轨道交通）两种通行模式下，观察时段中每个居住小区（4663个）到每个公园（335个）的通行时间，共计1562105（4663×335）条。具体实施方法如下：使用高德地图API路径规划实现轨迹模拟，以居住小区为起点，公园为终点，给定起始点坐标；设定路径导航模式分别为步行、公交，路径导航策略选择最少用时。公交通行时间中包括居住小区到达公交站点的步行时间以及公交站点到达公园的步行时间。

2. GIS 空间分析方法

由于获取的小区房屋均价是点状数据，故通过 GIS 中的克里金（Kriging）空间差值法将点状数据转化为表征研究范围房屋价格特征的面状数据。分别采用莫兰指数（Moran's I）和热点分析法分析房屋价格分布的空间自相关性与集聚模式。

3. 基于高德互联网通行数据的可达性计算

计算每个居住小区到达公园通行时间的四个时间指标(最小时间成本、最大时间成本、平均时间成本、标准差时间成本)来表征居住小区的公园可达性。

4. 基于 SPSS 秩和检验的公园供给差异分析

不同价位级别的住宅能够反映居民在文化背景、职业构成、经济收入、家庭结构等方面的差异。按照房屋均价将研究范围内 4663 个居住小区划分为五个价格级别（表 4-1、图 4-1），分别为：低档（＜7000 元 /m²）、中低档（7000~9000 元 /m²）、中档（9000~11000 元 /m²）、中高档（11000~15000 元 /m²）、高档（＞15000 元 /m²）。

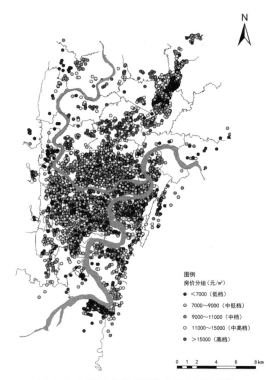

图 4-1　不同价格级别居住小区布局示意图

按照房屋均价的居住小区级别划分　表4-1

居住小区级别	价格区间（元/m²）	数量（个）	占总数比例（%）
低档	＜7000	613	13.15
中低档	7000~9000	1053	22.58
中档	9000~11000	1230	26.38
中高档	11000~15000	1247	26.74
高档	＞15000	520	11.15

城市居民大多数情况下仅能从可达范围内的公园受益，步行和公交是重庆市民到达公园的主要出行方式，30min 是重庆居民到达公园能承受的最大时间阈值[197]。"15 分钟生活圈"是国内社区空间研究的热点内容，"15 分钟生活圈"体系下的公共服务资源公平性研究对社区规划建设具有重要意义。

因此，本书分别计算了 15min（步行方式下）、30min（步行、公交两种方式下）每个居住小区可达性、数量、面积、质量四个维度下五个指标的具体数值（表 4-2、表 4-3），利用 SPSS 22.0 软件进行数据统计分析，非正态分布计量资料用中位数描述，组间比较用 Kruskal-Wallis H 非参数秩和检验。采用 Bonferroni 法校正显著性水平进行事后两两比较，检验水准 $\alpha=0.05$，$P < 0.05$ 为差异有统计学意义。

维度	指标含义及计算方法
可达性	每个居住小区 30min 内（步行 / 公交）能到达公园所需时间的均值
数量	每个居住小区 30min 内（步行 / 公交）能到达的公园数量
面积	公园总面积：每个居住小区 30min 内（步行 / 公交）能到达的公园的总面积 人均公园面积：每个居住区 30min 内（步行 / 公交）能到达的公园的总面积 / 居住小区人数 *
质量	每个居住小区 30min 内（步行 / 公交）能到达的高质量公园的数量 高质量公园：根据公园质量评分表（表 3-3）对研究范围内所有公园进行打分，得分排名前 1/4 的公园为高质量公园

30min阈值下衡量城市公园供给公平性的维度与指标　　表4-2

* 居住小区人数计算方法：在安居客、链家抓取研究范围内每个小区的户数、总建筑面积、容积率等信息。按照居住小区人数 = 户数 × 户均人数或居住小区人数 = 总建筑面积 ÷ 人均建筑面积或居住小区人数 = 小区总用地面积 × 容积率 ÷ 人均建筑面积计算。其中户均人数按 3.0 人计算，人均建筑面积按 35m² 计算。

15min阈值下衡量城市公园供给公平性的维度与指标　　表4-3

维度	指标含义及计算方法
可达性	步行到达最近公园所需时间
数量	每个居住小区 15min 内（步行）能到达的公园数量
面积	距离最近的公园的面积
质量	每个居住小区 15min 内（步行）能到达的高质量公园的数量

4.2 描述性分析

4.2.1 居住小区空间特征

1.居住小区价格及空间格局

居住小区价格信息为离散的点状数据，通过 GIS 中的克里金插值法进行空间差值将点状数据转换为面状数据，获取研究区域的住宅均价格局（图 4-3）。与其他插值方法相比，克里金插值法具有误差方差最小、逼近程度高、外推能力强等优点。从图中可以看出，重庆市中心城区住宅价格呈现出较为显著的非均衡、北部极化的现象。住宅价格较高的区域主要集中在"两北"区域（江北区、渝北区）。

借助 GIS 平台中的全局空间自相关工具对房价数据的空间分布特征性进行度量，常用 *Moran's I* 的计算结果进行衡量，*Moran's I* 的取值一般在 [-1, 1]，当 *Moran's I* > 0 时，表示空间正相关。当 *Moran's I*=0 时，表示空间不相关，*Moran's I* < 0 时，表示空间负相关，即高值和低值呈分散格局。本书计算得出的 *Moran's I* 为 0.1360，*P* 值 < 0.00001；意味着居住小区的空间分布具有较显著的正向空间自相关性。

进一步采用 GIS 平台中热点分析（Hot Spot Analysis）明晰居住小区价格的空间集聚特征，识别居住小区房屋价格的空间分布是否呈现出高值集聚、低值集聚的聚类性，抑或呈高值、低值的分散聚集模式。热点分析

重点在于计算 Z 值，Z 值得分越高或越低，表示聚类程度就越高；Z 得分接近零，则表示不存在明显的聚类，为正表示高值的聚类，为负表示低值的聚类。如图 4-3、图 4-4 所示，重庆市中心城区居住小区房屋均价的空间分布呈现出高 / 高集聚、低 / 低集聚的特征。高房价小区集聚区域主要位于江北区、北部新区、渝中半岛、南岸区弹子石组团，低房价小区集聚区域大部分位于中心城区南部（九龙坡区、巴南区）。

2. 居住区与公园的空间关系

从重庆市中心城区不同面积公园分布（图 1-4）中可以发现：重庆中心城区范围内 $20hm^2$ 以上的大型公园近 70% 集中在北部新城，显现出明显的不均衡性。而从住宅价格格局及空间集聚格局（图 4-2、

图 4-3）中可以发现：北部新城区域的居住小区房屋均价是研究范围内价格最高的片区，其中制高点是照母山植物园（$269.76hm^2$）、园博园（$253.17hm^2$）两个大型公园与嘉陵江围合的区域。大型公园的空间分布与高档居住小区的空间分布呈现出一致的北部极化，在一定程度上体现了大型公园较强的正外部性和高收入群体对大型公园优质景观资源的追逐。

4.2.2 基于互联网地图服务的公园可达性分析

1. 步行方式下居住小区的公园可达性

将高德地图导航服务获取的步行方式下每个居住小区到达公园通行时间的四个

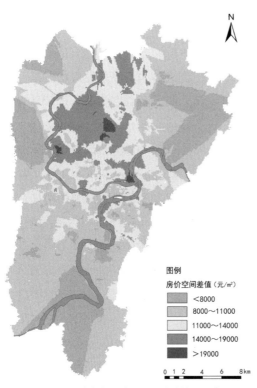

图 4-2　重庆市中心城区住宅价格格局示意图

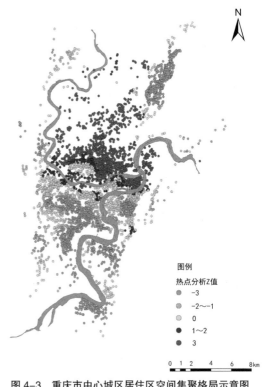

图 4-3　重庆市中心城区居住区空间集聚格局示意图

时间指标(最小时间成本、最大时间成本、平均时间成本、标准差时间成本)进行整理,导入 GIS 进行空间表达,可以得出:步行方式下,67% 的居住小区(3214 个)在 15min 内就能到达一处以上公园,95% 的居住小区(4429 个)步行 30min 内可到达一处以上公园,仅有 5%(234 个)的居住小区到达公园需步行 30min 以上(图 4-4)。居住小区到达公园的步行平均时间成本呈同心圆由中心向外围逐渐增大,中心城区核心区域居住小区的步行可达性总体优于外围区域,其中渝中半岛、江北区表现更优(图 4-5~ 图 4-7)。

2. 公交方式下居住小区的公园可达性

将高德地图导航服务获取的公交方式下,每个居住小区到达公园通行时间的四个时间指标(最小时间成本、最大时间成本、平均时间成本、标准差时间成本)进行整理,导入 GIS 进行空间表达,可以得出:公交方式下,仅有 3% 的居住小区(157 个)在 15min 内能到达一处以上公园,90% 的居住小区(4192 个)到达一处以上公园需耗时 15~30min,剩余 7% 的居住区(314 个)到达公园需 30min 以上,其中 5% 的居住区在步行、公交两种方式下到达公园均需 30min 以上(图 4-8)。渝中区全域、江北大部分街道、九龙坡靠长江的部分街道、南岸区南坪组团内的居住小区的公园可达性较好。外围区域如渝北空港新城、九龙坡中梁山街道、巴南区鱼洞街道的居住小区虽能坐公交 30min 内到达就近的公园,但其他公园资源的可利用程度上表现较差(图 4-9~ 图 4-11)。

图 4-4　步行方式下居住小区到达公园所需的最小时间示意图

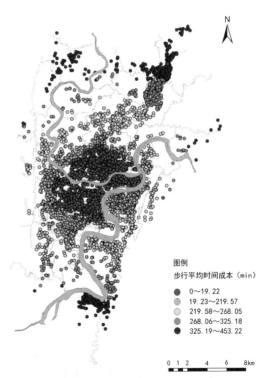

图 4-5　步行方式下居住小区到达公园所需的平均时间示意图

图 4-6 步行方式下居住小区到达公园所需的最大时间
示意图

图 4-7 步行方式下居住小区到达公园所需时间的标准
差示意图

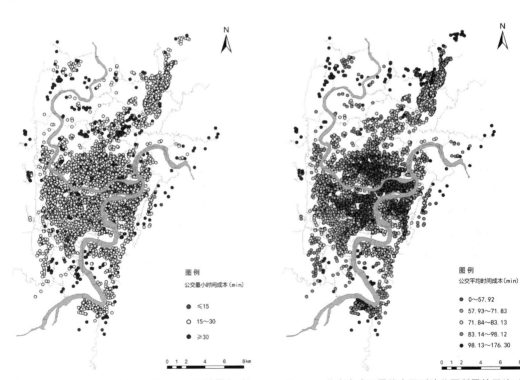

图 4-8 公交方式下居住小区到达公园所需的最小时间
示意图

图 4-9 公交方式下居住小区到达公园所需的平均时间
示意图

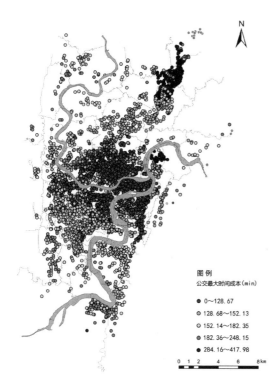

图 4-10　公交方式下居住小区到达公园所需的最大时间示意图

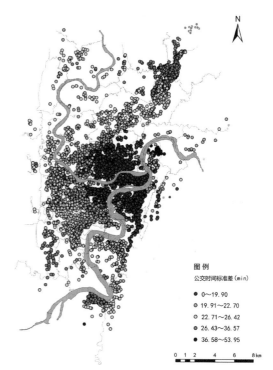

图 4-11　公交方式下居住小区到达公园所需时间的标准差示意图

4.2.3　不同级别居住小区的公园供给差异

1. 30min 阈值下不同级别居住小区的公园供给差异

1）步行方式下居住小区的公园供给在可达性、数量、面积、质量上的差异

通过 SPSS 统计软件中的 Kruskal-Wallis H 秩和检验（表 4-4）发现：30min 阈值步行方式下，不同级别居住区的公园可达性存在差异（$P < 0.001$），低档居住小区的公园可达性最好，中高档小区的公园可达性最差，中低档、中档、高档小区表现一般。高档小区 30min 内能到达的公园数量最少，其他级别差异不大。不同级别居住小区 30min 内能到达的公园总面积和能到达的高质量公园个数不存在差异，中高档小区的人均公园面积最多，低档小区最少。

2）公交方式下居住小区的公园供给在可达性、数量、面积、质量上的差异

30min 阈值公交方式下，低档小区的公园可达性最好，高档小区的可达性最差（表 4-5）。中低档小区 30min 内能到达的公园数量最多，高档小区最少。中高档小区 30min 内能到达的公园总面积最多，高档小区最少。中高档小区的人均公园面积最多，低档小区最少。不同级别居住小区 30min 内能到达的高质量公园的数量不存在差异。

2. 15min 阈值步行方式下不同级别居住小区的公园供给差异

通过 SPSS 秩和检验分析 15min 阈值步

行方式下各级别居住小区的公园供给差异（表4-6），发现：低级别和高档居住小区到达最近公园所需的时间最长，其他几个级别的居住小区所需时间差异不大；低级别居住小区邻近的公园多是一些面积较小的公园；低级别和高级别居住小区在15min

30min阈值下各级别居住小区的公园供给指标比较（步行）　　表4-4

	低档居住小区	中低档居住小区	中档居住小区	中高档居住小区	高档居住小区	P值
时间均值（min）	19.27	19.72	19.91	20.30	19.90	0.000
公园数量（个）	6	6	6	5	4	0.000
公园总面积（hm²）	40.03	41.14	40.67	42.51	40.01	0.248
人均公园面积（m²）	211.22	245.81	219.20	263.34	259.26	0.000
高质量公园数量（个）	1	1	1	1	1	0.238

注：1. 时间均值指各级别居住小区步行方式下30min内能到达公园的时间的均值，公园数量、公园总面积、人均公园面积、高质量公园数量均指各级别居住小区30min步行范围内的计算数值，以上数值以中位数进行组间比较。

2. $P < 0.05$ 为差异有统计学意义。

30min阈值下各级别居住小区的公园供给指标比较（公交）　　表4-5

	低档居住小区	中低档居住小区	中档居住小区	中高档居住小区	高档居住小区	P值
时间均值（min）	25.53	25.99	26.09	26.35	26.43	0.000
公园数量（个）	9	11	10	8	6	0.000
公园总面积（hm²）	49.60	49.78	48.32	52.48	44.75	0.000
人均公园面积（m²）	402.41	411.56	429.96	436.18	415.14	0.000
高质量公园数量（个）	1	1	1	1	1	0.292

注：1. 各指标含义同上；

2. $P < 0.05$ 为差异有统计学意义。

15min阈值步行方式下各级别居住小区的公园供给指标比较　　表4-6

	低档居住小区	中低档居住小区	中档居住小区	中高档居住小区	高档居住小区	P值
到达最近公园所需的时间（min）	13.83	10.72	10.65	11.28	13.90	0.000
15min内能享有的公园数量（个）	0	1	2	2	0	0.000
距离最近公园的面积（hm²）	3.14	3.27	5.15	6.97	10.39	0.000
15min范围内能到达的高质量公园数量（个）	0	0	1	1	0	0.000

注：1. 以上数值以中位数进行组间比较。

2. $P < 0.05$ 为差异有统计学意义。

3. "距离最近的公园面积"的计量未限制在15min范围内。

阈值下能够享有的公园数量和高质量公园数量较少。

4.3 不同级别居住小区公园公平绩效评价结论

重庆市中心城区居住小区的公园供给公平状况可以总结为：大型公园与高档居住小区空间布局北部极化，中心与外围区域居住小区的公园可达性差异显著，步行可达性好于公交可达性，30min 阈值下各级别居住小区不公平格局不显著、低级别居住小区"15分钟生活圈"的公园享有存在不公平。

4.3.1 大型公园与高档居住小区空间北部极化

重庆市中心城区大型公园的空间分布与高档居住小区的空间分布呈现出一致的北部极化，主要由于重庆作为典型的山地城市，中心槽谷区域（旧城区）的建设用地已经趋近饱和，为了增加公园面积，也为了促进产业以及人流迁入新城。近年来重庆主城区的公园增量主要发生在北部的新城区域。大型公园对于高密度的重庆中心城区属于稀缺资源，因此其正外部性得到了极大彰显，加之城市规划政策、机场、港口、物流等基础设施建设对北部的扶持，北部新城成为高档住宅的理想地段。虽然大型公园郊区化是国内诸多城市普遍存在的现象，这种布局对城市新区发展具有显著的带动作用，但未来的城市发展中，仍需注意公园等公共服务设施的均衡布局，避免居住空间分异现象的加剧。

4.3.2 中心与外围可达性差异显著

研究范围中心区域居住小区的步行、公交可达性总体均优于外围区域，渝中半岛、江北区内的居住小区在步行、公交两种方式下的公园可达性均表现最佳；外围区域有 5%（233 个）的居住小区在步行和公交两种方式下，30min 内均没有可以到达的公园；应在这些居住小区周边增建社区公园以弥补缺陷。重庆市中心城区城市公园与交通分布现状（图 4-12），可以直观解释中心区域与外围区域可达性差异显著的原因：中心区域道路网络更为密集；北部的城市新区、南部区域路网建设发展相对滞后，路网密度和交通便捷程度对公园可达性产生了巨大影响。

4.3.3 步行可达性好于公交可达性

重庆市中心城区范围内居住小区到公园的可达性呈现出步行方式好于公交方式的特征。步行方式下，67% 的居住小区在 15min 以内就能到达 1 处以上公园。公交方式下，仅有 3% 的居住小区在 15min 内能到达 1 处以上公园。

其原因在于：①由于步行在山地城市中具有重要地位。特殊的地理环境导致非机动车难以发挥优势，通勤呈现出步行、机动车的二元化特征。由于地形的高低错落，步道、梯道往往成为联系上下台地的捷径，短距离范围内步行的便捷、灵活性胜过机动车。②重庆作为山地城市，城市公园的空间布局受制于原有的山水格局，公园布局，尤其是大型公园选址往往依托于原有的山体、洼

图4-12 重庆市中心城区城市公园与交通分布现状图
来源:《重庆市主城区绿地系统规划(2018—2035)》

地、河流；只能依靠面积较小、布局较为灵活的小型公园，如社区公园、游园来弥补空间失衡，达到均匀布局的状态。中心城区范围内社区公园（143个）、游园（112个）共计255个，占公园总数量的76%，庞大的社区公园、游园数量为重庆公园步行可达性提供了基础。

4.3.4 30min阈值下各级别小区不公平格局不显著

本书对30min（步行、公交两种通行方式）和15min（步行通行方式）两个阈值下的各级别居住小区的公园供给差异进行了分析。研究发现30min阈值下，各级别居住小区的不公平格局并不显著。

30min范围内步行和公交两种通行方式下，低级别居住小区（低档、中低档）在可达性、数量、总面积上均占优势，人均公园面积低于高级别小区（中高档、高档），各级别居住小区在可达性、数量、面积、质量方面各占优势，不存在高级别居住小区公园资源享有占优势现象。这是因为高级别居住小区主要集中在北部城市新区，这些小区可享用的公园数量虽比低级别小区少，但其周边多是一些面积较大的公园。

从重庆市中心城区城市公园与居住用地分布现状（图4-13），也可以发现北部新区住宅密度较低，大型公园较多；低级别小区主要集中在中心区域，路网和公交线路较为密集，拥有的公园数量多，但其周边多是一些面积较小的社区公园、游园，加之人口密度较高，致使其人均公园面积较少。

4.3.5 低级别小区"15分钟生活圈"的公园享有存在不公平

15min是"生活圈"划定的重要时间指标，对社区规划建设具有指导意义，本书发现"15分钟生活圈"阈值下，低级别居住小区的公园享有存在不公平现象。

（1）低级别居住小区邻近的公园多是一些面积较小的社区公园、游园。与大型公园相比，小公园吸引力差且不适合运动。公园面积、质量的差异会引发人群健康的不公正。重庆市社区公园、游园的面积数量占公园总数的76%，但面积仅占总面积的32.25%，较小的面积势必造成公园使用拥挤、设施较少、质量不佳等问题。

（2）15min阈值下低级别和高档居住小区到达最近公园所需的时间最长，能够享有的公园数量和高质量公园数量最少。虽然高档居住小区也面临公园可达性与公园使用机会上的不公平，但高档居住小区一般均有私人物业提供的小区游园和较好的园林绿化水平。此外，高收入人群的健身游憩活动的选择性较多，他们可以去消费性的健身房，或驱车去大型的风景区、郊野公园；而低收入人群由于自身收入、时间、通勤能力的影响，公园资源的公平性对他们更为重要。因此，15min阈值下公园供给呈现出的不公平现象对低收入人群影响最大。

4.4 小结评述

城市公园的公平性评价应该是对空间公平与社会公平融合的评价，将设施的空间布

图 4-13　重庆市中心城区城市公园与居住用地分布现状图

来源:《重庆市主城区绿地系统规划（2018—2035）》

局与人口属性的空间分布相结合，分析社会、空间之间的相互作用。

本书以目前国内面临的现实社会问题——"社会分层和消费分异"为切入点，通过互联网实时通行大数据、GIS空间分析、SPSS统计分析相结合的技术手段对公园公平绩效进行定量评价，量化剖析土地和房地产市场化、住房消费分异背景下，不同价格级别居住小区的公园供给公平。研究不仅分析了公园的空间公平状况，还从社会公平视角，辨析社会不公平因素是否对空间产生影响。

研究结果发现公园公平格局与社会属性存在较为明显的关联性。30min阈值下，各级别居住小区不公平格局不显著，并未呈现出居住在高房价住宅的群体的公园供给更占优势的现象；15min生活圈阈值下，低级别居住小区的公园享有存在不公平现象，表现为低级别居住小区邻近的公园多是一些面积较小的社区公园、游园，15min生活圈阈值下能够到达的公园数量和高质量公园数量均较少。

因此，未来重庆市公园规划建设中，一方面，需要特别关注低级别居住小区"15分钟生活圈"范围内的实施情况，增加该范围内的公园数量、提高公园质量；另一方面，目前低收入群体邻近的多是较小的社区公园、游园。因此，应该以社区公园为切入点，优化设施配置、提升健身游憩功能，切实为低收入群体生活带来福祉。

第 5 章
公园服务弱势区域与
弱势人群识别方法实证

本章研究范围为重庆市中心城区，以街道/镇作为空间分析单元，分别采用剥夺指数和基尼系数识别城市公园供给的弱势区域和弱势人群。在弱势区域识别部分，采用SPSS数理统计方法分析了弱势街道内城市公园与其他街道内公园在可达性、数量、面积、质量方面的差异性，地理加权法辨析弱势街道公园供给的公平格局与影响因素。

本章的研究目的在于：①识别弱势区域、弱势人群，获取弱势区域的空间位置、弱势人群的具体类别；②识别弱势区域公园供给（数量、面积、可达性、质量）的短板，将不公平差异与程度更为直观、具体地表达出来；

③获知影响城市公园公平格局的社会因素，以采取有效的政策制度进行干预。

5.1 研究区域与方法

5.1.1 研究区概况

本研究以重庆市中心城区为研究区域，以街道/镇为空间分析单元，共包含87个街道（表5-1、图5-1）。根据《重庆市主城区绿地系统规划（2018—2035）》，重庆市主城区公园面积为4550.39hm²，其中，研究范围内公园面积4115.27hm²，包括综合公园、专

研究范围内街道/镇名称与数量 表5-1

中心城区	下辖街道/乡镇数量（个）	下辖街道/乡镇名称
渝中区	12	七星岗街道、解放碑街道、两路口街道、上清寺街道、菜园坝街道、南纪门街道、望龙门街道、朝天门街道、大溪沟街道、大坪街道、化龙桥街道、石油路街道
江北区	8	华新街街道、江北城街道、石马河街道、大石坝街道、寸滩街道、观音桥街道、五里店街道、铁山坪街道
沙坪坝区	18	小龙坎街道、沙坪坝街道、渝碚路街道、磁器口街道、童家桥街道、石井坡街道、双碑街道、井口街道、歌乐山街道、山洞街道、新桥街道、天星桥街道、土湾街道、覃家岗街道、井口镇、歌乐山镇、中梁镇、联芳街道
九龙坡区	9	杨家坪街道、黄桷坪街道、谢家湾街道、石坪桥街道、石桥铺街道、中梁山街道、渝州路街道、九龙镇、华岩镇
大渡口区	8	新山村街道、跃进村街道、九宫庙街道、茄子溪街道、春晖路街道、八桥镇、建胜镇、跳磴镇
南岸区	10	铜元局街道、花园路街道、南坪街道、海棠溪街道、龙门浩街道、弹子石街道、南山街道、南坪镇、涂山镇、鸡冠石镇
巴南区	4	龙洲湾街道、鱼洞街道、花溪街道、李家沱街道
渝北区	15	双龙湖街道、回兴街道、鸳鸯街道、翠云街道、人和街道、天宫殿街道、龙溪街道、龙山街道、龙塔街道、大竹林街道、悦来街道、两路街道、双凤桥街道、礼嘉镇、玉峰山镇
北碚区	3	蔡家岗镇、施家梁镇、童家溪镇

注：街道数目及范围按照2010年行政区划划分。

图 5-1　重庆市中心城区街道范围示意图

类公园、社区公园、游园四类共计 335 个，约占重庆市主城区公园总面积的 90%。

5.1.2　研究构成

1. 基于剥夺指数识别弱势街道

从地理学视角来看，受到剥夺的人群在空间分布上往往具有一定的集聚特征，是某一地理单元在社会或经济水平方面呈现出普遍弱势地位的现象，区域剥夺可以反映出研究单元内所有人群总体上所共有的某种或多种剥夺特征。

自 20 世纪 60 年代开始，西方国家掀起了利用一系列采用量化指标评价重大政策决策、规划方案、公共服务布局的风潮，被称为"社会指标运动"（Social Indicators Movement）。剥夺（Deprivation）概念、指标体系（Index of Deprivation）和以地域为基础的研究方法（Area-based Approach）产生于这轮热潮中。英、法、美等国家和地方政府利用一系列量化的社会指标构建剥夺指数表征区域剥夺程度，评价社会空间的质量差异、检测城市社会公平与空间公正、引导公共资源合理配置。长期以来，剥夺指数在西方国家政策决策、公共服务配置指导中发挥了重要的作用，成为检测社会问题最直观的度量依据。

剥夺指数多由政府、规划机构或第三方机构通过自上而下和自下而上兼顾的方法收集数据，在城市更新、区域发展规划、环境和土地利用规划及公共服务供给等方面引入一系列指标，对各指标进行权重赋值求和进而计算剥夺指数。通过计算出的各空间单元的剥夺指数评价区域社会问题，如各空间单元、各群体资源配置的公平性、对公共服务的需求差异等，并通过政策、规划手段进行协调。如 1983 年英国环保部（Department of the Environment，DOE）构建了城市剥夺指标用以监测评价城市环保计划中的财政支出情况，涵盖失业率、住房拥挤度、室内设施缺乏率、单亲家庭比例、单身领养老金者比例、人口变化率、死亡率、少数民族比例 8 个方面[198]。

社会剥夺指缺乏日常所需的食物、衣物、住房及室内设施，缺乏必要的教育、就业机会、工作和社会服务、社会活动等[199]。社会剥夺可以从个人尺度和区域尺度进行测度，个人尺度的剥夺通常采用调查问卷的形式直接准确地反映每个人的生活状态，但由于需要大量的受访人数和调查区域才能客观反映问题，庞大的工作量使得个人尺度的剥夺研究受到很大限制。

在国外相关研究中，诸多学者通过构建剥夺指数来研究社会空间特征及公共资源配置的合理性，学者们提出了众多用于衡量地区剥夺程度的指标。如琼斯－韦伯（R. Jones-Webb）等使用家庭收入、失业率、以女性作为家庭收入支柱的家庭比例、低教育水平人口比例来表征剥夺指数[200]。格罗（H. Mollie Greves Grow）等采用成年女性受教育水平、家庭收入中位数、种族、单亲家庭户数来构建剥夺指数[201]。翁敏等认为剥夺指数的构建通常应该涵盖五个方面：收入、就业、教育、住房和人口结构[202]。苏世亮等建议在指标选择上应遵循以下原则：①代表多个维度；②与调查的问题有潜在关联；③低冗余；④与之前的研究有可比性[203]。在国内，运用剥夺指数进行城市社会空间评价的研究还较少，仅有袁媛等介绍了剥夺指数的应用方法，并针对广东地区构建了剥夺指标，包括收入、人口组成、就业、教育、住房五个方面[198]。

公园是居民进行体力活动的重要场所，对人体健康有积极的促进作用。弱势群体由于面临个人资源和社会资源的双重剥夺，与其他群体相比，对公园等免费公共空间的需求度更高。西方国家研究表明弱势区域及群体在公园享有上存在社会剥夺现象。珍尼·罗（Jenny Roe）等研究表明社会剥夺程度越高的地区公园可达性越低[204]。弱势区域及群体的公园供给在可达性、数量、面积、质量方面

与强势区域、群体存在差异，往往拥有较少的公园数量与面积[84, 205, 206]；公园质量方面，沃恩（K. B. Vaughan）[53]指出被剥夺地区存在较多不文明现象、环境质量低。里戈隆（A. Rigolon）[207]、詹金森（G. R. Jenkins）[208]的研究发现，高社会经济地位社区邻近公园中的空间、设施类型更丰富，且有更多的遮阴树、水景、步道、自行车道、照明等。低社会经济地位社区邻近的公园中，拥有较少的运动场地、支持儿童体力活动的设施。公园资源的空间剥夺由此导致弱势群体与强势群体在健康方面产生差异，低社会经济群体、剥夺区域参与体育活动比率较低，更易发生过度肥胖、心脏病等慢性疾病。

本书以重庆市中心城区为例，探索剥夺指数在城市公园公平绩效评价方面的应用。首先，采用主成分因子分析法构建剥夺指数；其次，利用地理加权回归和SPSS非参数秩和检验、Kendall's tau-b相关系数研究剥夺指数与公园供给（可达性、数量、面积、质量）的空间关系，揭示城市公园供给的社会影响因素，本书旨在为公园公平性规划实践与政策制定提供参考。

2. 基于基尼系数识别弱势人群

基尼系数方法是国际上用于测度社会分配不平等的最广泛的工具。最初，基尼系数被用于居民收入不平等研究领域。由于其操作简单，便于理解，具有较广泛的普适性，其应用得到了迅速推广，逐步扩展到教育公平、交通公平、人力资源公平、水资源公平等诸多领域的不平等研究中。其中一个重要的应用领域就是公共服务公平性研究，通过基尼系数计算、洛伦兹曲线绘制的方法，揭

示公共服务在居民之间的分配差异，成为公共服务公平绩效评价的重要方法之一。

基尼系数用 G 表示，表现为 0~1 之间的数值。当基尼系数 G 在 0.2 以下，表示资源分配平等；当基尼系数 G 在 0.2~0.3 时，资源分配为最佳的平均状态；当基尼系数 G 在 0.3~0.4 之间时，表示资源分配相对合理；当基尼系数 G 在 0.4 以上时，为警戒状态；当基尼系数 G 在 0.6 以上，表示资源分配处于高度不平均、高度不公平状态。

洛伦兹曲线为基尼系数提供了计算基础。其横坐标表示人口累计比例，纵坐标表示社会福利累计比例，45° 直线被称为平等线，表示当每一个人都具有相同社会福利份额时的状况。任何分配不平等都导致洛伦兹曲线位于平等线下方，洛伦兹曲线的弯曲程度越大，表示分配越不平等[209]。

研究采用基尼系数和洛伦兹曲线表征城市公园资源分布的公平性，计算各街道常住人口、老年群体、儿童、失业人群享有的公园服务公平性，进而识别公园服务的失公群体。

5.1.3 数据与方法

1. 弱势区域识别的数据与方法

1）基于主成分分析法的剥夺指数构建与计算

国外剥夺指数构建的指标主要来源于人口普查数据，通常采用权重法、主成分分析法、模糊层次分析法对多维指标进行处理和整合。剥夺指数构建采用的指标较多且往往存在指标间的共线性问题，会影响综合指数计算的便捷性与精确性。主成分分析法能够消除相

关指标变量间的多重共线性，又可以起到降维作用，删减冗余指标，并最大限度保留原始变量的主要信息，提高运算的效率与精度。因此，主成分分析法在构建社会指标的研究中得到了大量应用。

基于对国内外剥夺指数相关研究的借鉴以及数据的可获得性，本研究采用 2011 年重庆市第六次人口普查街道层级的数据，从中提取 5 个维度（人口构成、职业、教育、住房条件、城市化水平）共 14 个变量作为初始变量构建剥夺指数，初始指标如表 5-2 所示。

重庆市中心城区各街道剥夺指数初始指标表　　表5-2

大类	指标
人口结构	≤ 14 岁人口比例、≥ 65 岁人口比例、外来人口比例
就业	失业率、白领人员比例、蓝领人员比例
教育	文盲比例、高中学历以下人群比例
住房	无住房户数比例、住房内无厕所或卫生间户数比例、租房户数比例、购买商品房户数比例
城市化水平	人口密度、距离最近商圈的直线距离

对重庆市中心城区各街道剥夺指数初始指标的度量采用主成分分析法。首先对负向指标做了正向化处理，其次采用皮尔逊相关分析和主成分分析法中的 KMO 检验和 Bartlett 球形检验减少冗余指标，剔除冗余指标，剩余 10 个指标进行因子分析。KMO 检验结果达到 0.680，Bartlett's 检验结果为 $P < 0.001$，表明研究数据可以进行因子分析。一般来说，当综合因子的贡献率大于或等于 80% 时，就表明公因子反映了大部分信息，而彼此间又不相关。在抽取依据中按照特征

值（eigenvalues）大于 1 进行抽取，采用最大方差法（Varimax）进行因子旋转，得出各主成分的初始特征值和旋转成分矩阵的指标载荷，参考李红波等[75]对剥夺指数的计算方法，构建剥夺指数的计算公式。根据式（5-1）计算综合剥夺指数，综合剥夺指数数值越高，表明剥夺状况越明显。

$$PI = \sum_{i=1}^{n} E_i \times (\sum_{j=1}^{k} L_j \times X) \qquad (5-1)$$

式中，PI 为综合剥夺指数，E_i 为各主成分的特征值，L_j 为第 j 个指标的载荷，X 为对应的第 j 个指标的值。

2）基于 SPSS 的弱势街道公园供给差异性分析

衡量城市公园供给公平性的维度主要有可达性、数量、面积、质量四个方面，其各维度采用的指标与指标计算方法如表 5-3 所示。

利用 SPSS 22.0 软件进行数据统计分析，采用 Kruskal-Wallis H 非参数秩和检验比较组间差异，来判别弱势街道在城市公园供给的数量、面积、可达性、质量方面与其他街道是否存在差异。采用 Bonferroni 法校正显著性水平进行事后两两比较。利用 Kendall's tau-b 相关系数分析不同剥夺等级街道内城市公园各子项目得分与剥夺指数是否存在关系，以上操作均在 SPSS 22.0 软件中进行，检验水准 $\alpha=0.05$，$P < 0.05$ 为差异有统计学意义。

（1）城市公园数量与面积计算

a. 方法介绍

使用 ArcGIS 的相交工具（Intersect）确定与街道行政界相交的公园，使用 Excel 软件统计各街道行政界内的公园数量、总面积、人均公园面积、公园面积占街道面积比等指标。

b. 计算结果

根据计算与统计结果，将各街道（镇）的公园数量从高到低分为四个等级，对 87 个街道的公园数量进行差异对比（图 5-2）。重庆市 87 个街道的平均公园数量为 5 个，53 个街道（镇）的公园数量在平均值以下，其中 11 个街道（镇）没有公园。这些没有公园的街道中有 7 个属于沙坪坝区，2 个属于北碚区。32 个街道（镇）的公园数量在平均值以上，其中 15 个街道（镇）的公园数量是平均值的 2 倍以上。公园数量较多的 10 个街道分别为九龙坡区渝州路街道（10 个）、南岸区涂山镇（10 个）、沙坪坝区覃家岗街道（10 个）、九龙坡区石坪桥街道（10 个）、九龙坡区中梁山街道（10 个）、渝北区大竹林街道（11 个）、江北区观音桥街道（12 个）、九龙坡区

衡量城市公园供给公平性的维度与指标　　　　　　　　　　　　　　　表5-3

维度	指标计算方法
可达性	以真实路网为基础，采用两步移动法计算每个街道步行 30min 内的可达性数值
数量	每个街道范围内的公园数量
面积	公园总面积：每个街道范围内的公园的总面积 人均公园面积：每个街道的人均公园面积
质量	采用本书 3.2.5 节中构建的公园计数统计打分法，测度每个街道范围内公园质量得分与设施丰富性，得分越高表明公园质量越好

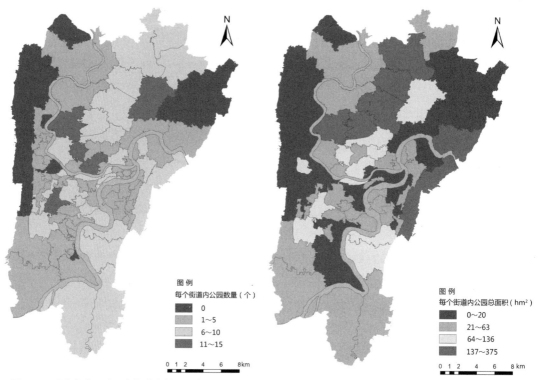

图 5-2　重庆市中心城区各街道内的公园数量示意图　图 5-3　重庆市中心城区各街道内的公园总面积示意图

石桥铺街道（12个）、渝北龙山街道（14个）、渝北回兴街道（15个）。

如图 5-3 所示，将各街道（镇）的公园面积从高到低分为四个等级。重庆市 87 个街道内公园的平均总面积为 46.80hm²，中位数为 25.48hm²。有 59 个街道（镇）内的公园总面积在平均值以下，其中 11 个街道内的公园面积为 0。公园总面积最多的 10 个街道分别为江北区观音桥街道（105.13hm²）、九龙坡区石桥铺街道（120.45hm²）、渝北区回兴街道（136.17hm²）、渝北区翠云街道（174.37hm²）、南岸区南山街道（175.33hm²）、渝北区双龙湖街道（191.70hm²）、渝北区大竹林街道（201.39hm²）、渝北区人和街道（264.39hm²）、江北区铁山坪街道（298.70hm²）、渝北区鸳

鸯街道（375.44hm²）。

综上，从重庆市中心城区各街道内公园数量、面积的差异比较（图 5-2~ 图 5-5）可以看出，重庆市中心城区各街道的公园享有存在明显的不均衡现象，有的街道内公园多达 15 个，还有约 13%（11 个）街道内没有公园。从各街道公园数量、面积排名前十名的街道对比会发现，公园数量多的街道与面积多的街道存在分异，也说明，许多街道虽然公园数量多，但中小型公园占大多数；有些街道公园数量少，但公园个体面积大。造成这种不均衡与数量、面积分异的原因，是由于重庆作为山地城市，城市公园很大程度上依托原有的自然山水基底布局，城市外围区域是大型公园增量空间发生的主要区域；城市中心区域建

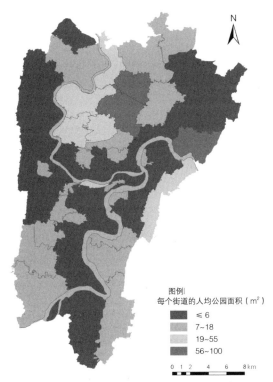

图例
每个街道的人均公园面积（m²）

■ ≤ 6
■ 7~18
□ 19~55
■ 56~100

0 1 2　4　6　8km

图5-4　各街道内的人均公园面积的比例示意图

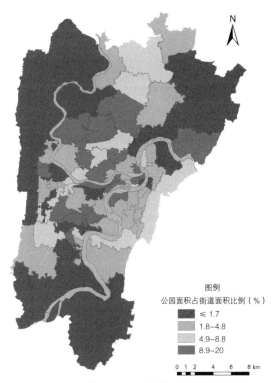

图例
公园面积占街道面积比例（%）

■ ≤ 1.7
■ 1.8~4.8
□ 4.9~8.8
■ 8.9~20

0 1 2　4　6　8km

图5-5　各街道公园面积占街道面积的比例示意图

设用地压力较大，除原有的一些保存较为完好的大型公园外，大多新建公园都是采用见缝插针的方式，造成数量多、总量低的现象。

（2）两步移动搜寻法计算公园可达性

考虑到重庆作为山地城市，地形与道路对真实可达性影响较大，缓冲区分析法计算出的可达性与有效服务面积结果将比真实情况更为乐观，由此引起公平性分析结果的误差。因此，本书采用两步移动搜寻法，基于真实路网，从供（每个公园的面积）、需（每个街道的人口）两个方面综合考虑，计算各街道的公园可达性。

a. 方法介绍

本书基于两步移动搜寻法（Two-Step-Floating Catchment Area Method，2SFCA）对

城市公园可达性进行测度。两步移动搜寻法从供应量（公园数量或总面积）和需求量（单元内人口数量）来分析可达性，分别以供给和需求两地为中心，进行两次移动搜索（图5-6），克服了传统可达性评价方法对供

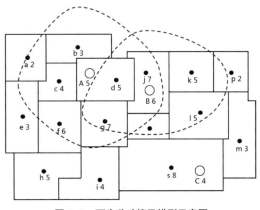

图5-6　两步移动搜寻模型示意图

105

给与需求关系考虑不足的缺陷。通过对设定的成本距离下居民能够到达的设施或资源数量进行计算，比较计算结果，从而评价区域设施或资源布局的合理性，数值越高，代表可达性越好。基于重庆市中心城区真实路网，以75m/min作为居民到公园的平均步行速度，选取30min作为极限出行时间，利用ArcGIS中的网络分析模块（Network Analysis）建立O-D成本矩阵，并通过表5-4所示步骤计算各街道的公园可达性。

b.计算结果

以ArcGIS为平台，基于重庆市中心城区真实路网，采用两步移动法计算可达性，可达性结果如图5-7所示。由图可知，重庆市中心城区公园可达性高值主要集中在渝北区翠云街道、鸳鸯街道、人和街道、江北区观音桥街道、大石坝街道；可达性整体呈现出北部＞中部＞南部，中心＞外围的格局，巴南区和大渡口区大部分街道的公园可达性均较差。

通过将公园可达性分布图（图5-7）与人口密度图（图5-8）对比可以发现，以渝中区为核心的区域人口密度高，但该区域公园的可达性存在诸多空缺，仅有部分街道的

公园可达性较好，大部分区域的可达性处于中下水平。渝北、北部新区新城区域可达性较好，但人口密度较低。因此，重庆市中心城区公园可达性与人口密度呈现失配现象，在一定程度上反映了公园供给与需求之间的失配。

（3）计数统计测度法计算公园质量得分

基于本书构建的城市公园质量的计数统计测度法（见本书3.2.5节）。于2018年12月~2019年4月对本研究中335个公园进行实地调研记录，计算每个街道内每个公园的设施种类、数量。从活动、美观、设施、安全4个维度、24个评价项目来对公园质量进行综合打分。通过对每个维度内评价项目进行实地考察计数，对各项目在公园中的有无、多少进行量表记录，用二分法的"0"和"1"计数，综合计算各项得分得出总分值，在此基础上进行面积加权，加权后的分值表征某一公园的质量情况，分数越高，表示公园质量越好。

3）基于地理加权回归的公平格局影响因素分析

本书采用地理加权回归（Geographically Weighted Regression，GWR）研究公园公平格

两步移动搜寻法计算可达性的步骤说明　　　　　　　　　　表5-4

步骤	公式	公式解释	参数含义
第一步，计算每个公园的服务能力	$R_j = \dfrac{S_j}{\sum_{k \in \{d_{kj} \le d_0\}} P_k}$	建立每个公园（j）搜索半径（d_{kj}）范围内的服务区，查找落入服务区内所有街道（k）的人口数，并计算这个范围内人口数量之和。公园j的面积与服务区范围内人口总数之比，即为每个公园的服务能力	P_k为搜索半径内所有街道（k）的人口数量之和，S_j为j点的总供给；d_{kj}为街道k与公园j之间的距离阻抗，本书采用时间表示；d_0为搜索半径
第二步：计算每个街道的公园可达性	$A_k^F = \sum_{j \in \{d_{kj} \le d_0\}} R_j$ $= \sum_{j \in \{d_{kj} \le d_0\}} \dfrac{S_j}{\sum_{k \in \{d_{kj} \le d_0\}} P_k}$	建立每个街道（k）搜索半径（d_0）范围内的服务区，查找落入服务区内所有的公园j，将所有落入服务区范围内公园的服务能力R_j相加，即为街道k点的可达性A	A_k^F为街道k的公园可达性，R_j是街道搜索半径内公园的服务能力。A_k^F越大表明该街道k的可达性越好

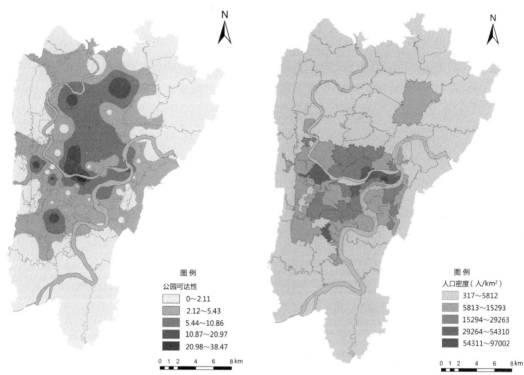

图5-7 重庆市中心城区各街道的公园可达性分布图
示意图

图5-8 重庆市中心城区人口密度图示意图

局与影响因素，将各街道的剥夺指数作为因变量，公园供给（可达性、数量、面积、质量）为自变量，分析社会剥夺对公园公平格局的影响。

GWR模型是由英国圣安德鲁斯大学的福思林厄姆（Fortheringha）于1996年提出的一种有效处理回归分析中空间非平稳现象的建模技术。该方法是对普通线性回归模型的扩展，与常规的、应用最多的参数估计方法——普通最小二乘法（Ordinary Least Square，OLS）模型相比，普通最小二乘法只能在全局或平均意义上对参数进行估计，无法反映空间局部变化，在这一点上，地理加权模型表现出一定的优越性，许多学者对此进行过讨论与验证，认为GWR能够反映参数在不

同空间的空间非平稳性，使得变量间的关系可以随空间位置的变化而变化，结果更符合客观实际。而且GWR更利于形成可视化的地图形式，可以将结果更详细、清晰地以图则形式呈现。GWR模型被作为前沿分析方法广泛应用于城市地理、社会经济等诸多领域的空间统计分析中，但在城市公园空间格局、空间分异等方面的应用还相对较少。

本书运用ArcGIS 10.1软件中的GWR工具来实现GWR模型的构建。其步骤如下：

（1）采用全局Moran's I指数探索研究的自变量（城市公园的可达性、数量、面积）是否存在空间集聚性，以确定GWR模型的适用性。通过分析得出中心城区公园可达性的Moran's I值为0.0440，Z值得分为2.0579，

P 值为 0.0488；公园数量的 *Moran's I* 值为 0.0777，Z 值得分为 2.7112，P 值为 0.0067；公园总面积的 *Moran's I* 值为 0.1303，Z 值得分为 4.5206，$P < 0.0001$；人均公园面积 *Moran's I* 值为 0.1319，Z 值得分为 4.6580，$P < 0.0001$；可知中心城区公园的可达性、数量、面积在空间上呈现集聚效应，具有正相关性，为 GWR 模型的使用奠定了基础。

（2）为数据集中的各要素构建一个独立方程，合并落在各目标要素带宽范围内的因变量和解释变量，带宽的形状和大小取决于输入的核函数类型、带宽方法以及相邻街道的数目参数。带宽 b 的大小将直接影响模型的运行结果，故最优带宽 b 的确定尤为重要。当带宽 b 过大，模型将过于平滑使得回归参数估计的偏差也会过大；当带宽 b 过小，则会使局部间的影响不存在，回归参数估计的方差过大。最优带宽 b 的确定方法有：BIC 准则、AIC 准则和 CV 交叉验证法。本书主要运用 AIC 准则对带宽 b 进行选择。

GWR 模型结构：

$$y_i = \beta_0(\mu_i, v_i) + \sum_{k=1}^{p} \beta_k(\mu_i, v_i) x_{ik} + \varepsilon_i \quad (5-2)$$

式中：(μ_i, v_i) 是第 i 个观测点的坐标，$\beta_0(\mu_i, v_i)$ 是第 i 个观测点统计回归的常数项；$\beta_k(\mu_i, v_i)$ 是第 i 个观测点上的第 k 个回归参数；x_{ik} 为第 i 个观测点上第 k 个变量；p 为某一观测点上参与回归的变量个数；ε_i 为误差项，$\varepsilon_i - v(0, \sigma^2)$，$Cov(\varepsilon_i, \varepsilon_j) = 0 \ (i \neq j)$。

2. 基尼系数计算的数据与方法

国内有学者也采用了基尼系数对城市公共服务效率进行研究，在公共服务能力表征指标选取与计算上，唐子来等对上海市中心城区公共绿地的社会公平绩效评价研究中，以缓冲区方法计算每个街道内的公共绿地有效服务面积，以公共绿地有效服务面积表征城市公共绿地服务能力[98]。王兰等对上海市中心城区社区体育设施分布的公平性进行评价，采用缓冲区分析法计算体育设施的可达性，分别按照可达性、人均设施面积、地均设施面积三个指标计算基尼系数[210]。

本书分别采用各街道的公园可达性、各街道内公园总面积表征城市公园的服务能力，计算各街道常住人口、老年群体（≥ 65 岁）、儿童 ≤ 14 岁、失业人群公园服务的公平性，进而识别公园服务的失公群体。可达性采用两步移动搜索法计算，各街道公园总面积也采用弱势区域识别部分的计算结果。根据 2011 年重庆市人口普查街道层面的数据，分别统计重庆中心城区各街道内四类人群的数量与比例。采用 STATA 13.0 软件计算各人群公园可达性空间分布、面积空间分布的基尼系数，并绘制洛伦兹曲线。

重庆市中心城区城市公园洛伦兹曲线是将研究范围内所有街道人均享有的公园资源由低到高进行排列。然后把各群体人口平均分为十等份，计算每一部分内各群体人口所享有的城市公园资源比例，然后进行累加；以累计公园面积、公园可达性值作为纵坐标，累计人口百分比作为横坐标，绘制公园面积、可达性在各群体间分配的洛伦兹曲线。采用式（5-3）计算各群体城市公园资源分布的基尼系数。

$$G = 1 - \sum_{i=1}^{n} (p_i - p_{i-1})(X_i + X_{i-1}) \quad (5-3)$$

式中，i 表示第 i 街道，取值为 1~87；p_i 表

示第 i 街道各类人群（分别为各街道内的常住人口、老年人、儿童、失业及低收入人口）的累计比例；X_i 表示第 i 街道城市公园服务（各街道的公园可达性、公园总面积）累计比例。

5.2　弱势区域识别与公平格局分析

5.2.1　弱势街道识别

采用主成分分析法中的因子分析最终提取了4个主成分，累积方差贡献率为 82.086%，表5-5、表5-6为主成分的特征值和旋转载荷矩阵。主成分一包含购买商品房户数比例、白领从业人员比例、住房内无厕所或卫生间户数比例、文盲比例等4个变量，可以概括为"社会经济地位剥夺"，主成分二包含 ≥65 岁人口比例、外来人口比例、租房户数比例3个变量，可以概况为"社会脆弱群体剥夺"；主成分三包含人口密度、距离商圈的直线距离两个变量，可以概括为"城镇化剥夺"；主成分四包含无住房户数比例一个变量，可命名为"住房剥夺"。这4个主成分分别体现了社会剥夺的不同维度。依据式（5-1）计算综合剥夺指数，综合剥夺指数越

重庆市中心城区社会经济属性变量的特征值和方差贡献率　　表5-5

成分	提取平方和载入			旋转平方和载入		
	特征根	方差贡献率（%）	累积贡献率（%）	特征根	方差贡献率（%）	累积贡献率（%）
1	3.564	35.643	35.643	3.016	30.161	30.161
2	2.203	22.035	57.678	2.198	21.982	52.143
3	1.337	13.369	71.047	1.767	17.666	69.809
4	1.052	10.525	81.938	1.176	11.762	81.572

主成分的旋转载荷矩阵表　　表5-6

变量	主成分1	主成分2	主成分3	主成分4
购买商品房户数比例（负）	0.889			
白领从业者比例（负）	0.817			
住房内无厕所或卫生间户数比例	0.792			
文盲比例	0.706			
≥65 岁人口比例		0.861		
外来人口比例		0.832		
租房户数比例		0.688		
人口密度（负）			0.905	
距最近商圈的直线距离			0.715	
无住房户数比例				0.946

高，说明剥夺状况越明显。

对重庆市中心城区公园分布和剥夺指数进行叠加（图5-9），可以判断出重庆市中心城区各街道的剥夺状况，主要表现为核心区域的剥夺状况整体弱于外围区域。综合剥夺指数较高的街道主要有：九龙坡区华岩镇、大渡口区八桥镇、大渡口区建胜镇、巴南区花溪街道、九龙坡区渝州路街道、渝中区菜园坝街道、沙坪坝区井口镇、南岸区鸡冠石镇、江北区铁山坪街道。将社会剥夺4个分维度分别进行图示化（图5-10），可以发现各维度剥夺指数分布均有所分异，说明某一街道多重剥夺的现象不明显。

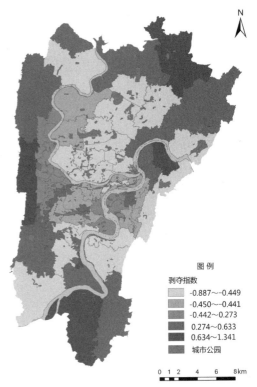

图 5-9　重庆市中心城区公园分布和剥夺指数布局示意图

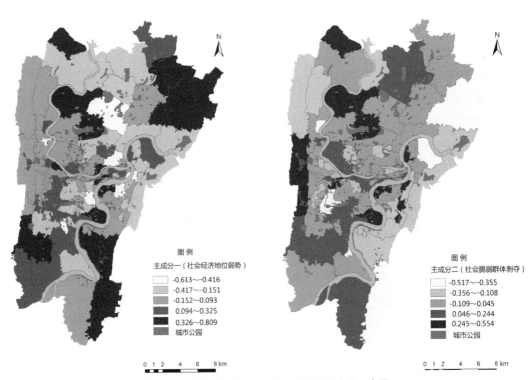

图 5-10　剥夺指数的四个主成分分项得分布局示意图

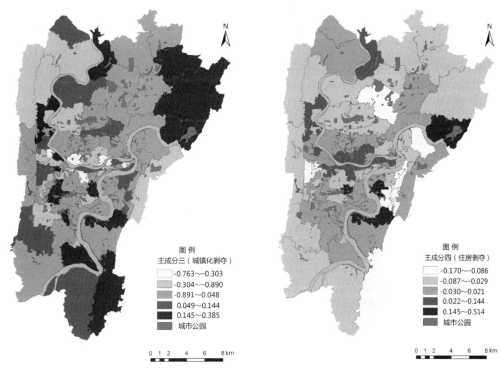

图 5-10 剥夺指数的四个主成分分项得分布局示意图（续）

5.2.2 公园的公平格局与差异比较

通过 Kruskal–Wallis H 秩和检验（表 5-7）发现：不同剥夺等级街道的公园可达性、质量之间存在显著差异（$P < 0.05$），剥夺等级较高街道与剥夺较弱街道相比，公园可达性较差、质量较低。在公园数量、公园总面积、人均公园面积这几个指标上，各剥夺等级街道未呈现差异。

表 5-8 详细列出了 5 个等级街道的城市公园的质量特征。具体统计了 5 个剥夺等级街道内具有某种质量特性（二分法计数为"1"的）的公园比例，采用 Kendall's tau-b 相关系数分析不同剥夺等级街道内城市公园各子项目得分与剥夺指数是否存在关系。根据相关性分析结果可知，剥夺等级较高的弱势街

城市公园供给的数量、面积、可达性、质量指标比较   表5-7

自变量	剥夺程度（1级表示剥夺程度最弱，5级表示最严重）					P值
	1级 n=24	2级 n=20	3级 n=15	4级 n=18	5级 n=10	
公园数量	4	5	3	7	5	0.274
公园总面积（hm²）	20.71	23.81	6.20	48.60	9.73	0.204
人均公园面积（m²）	2.67	5.34	1.46	8.36	5.10	0.067
可达性	3.85	2.43	0.57	1.06	0.51	0.018*
质量	4.16	4.87	4.03	3.92	1.88	0.000*

注：$P < 0.05$ 为差异有统计学意义。

各剥夺等级街道内的城市公园特性比较   表5-8

自变量	剥夺程度（1级表示剥夺程度最弱，5级表示最严重）					肯德尔相关系数r
	1级 n=24	2级 n=20	3级 n=15	4级 n=18	5级 n=10	
维度一：活动设施						
1. 具有2种以上运动场地、设施类型（即得分为1）的公园比例	33.7	40.0	32.4	32.8	23.7	−0.152*
2. 进行体力活动的适宜性为非常适合，较适合，一般（即得分为1）的公园比例	54.2	55.6	49.3	51.6	46.5	−0.129*
3. 具有2种以上游憩场地、设施的类型（即得分为1）的公园比例	15.7	15.9	14.8	14.5	12.9	−0.150*
4. 有儿童游憩场地（即得分为1）的公园比例	5.2	6.9	5.7	5.1	4.4	−0.069*
维度二：环境质量						
5. 有水景（即得分为1）的公园比例	36.4	37.8	36.6	35.4	36.3	−0.022
6. 有2种以上审美元素（即得分为1）的公园比例	41.5	43.2	39.5	37.1	39.3	−0.025
7. 步道旁的遮阴情况非常好、较好、一般（即得分为1）的公园比例	67.9	68.8	68.4	69.2	68.6	0.021
8. 维护管理非常好、较好、一般（即得分为1）的公园比例	82.5	84.3	81.2	80.2	78.5	−0.145*
9. 无故意破坏行为（即得分为1）的公园比例	88.9	89.4	88.2	88.1	86.5	−0.025
10. 无涂鸦行为（即得分为1）的公园比例	88.5	89.7	88.1	87.3	86.5	−0.022
11. 无乱扔垃圾行为（即得分为1）的公园比例	84.5	88.6	85.2	84.1	82.3	−0.016
维度三：服务设施						
12. 有公共厕所（即得分为1）的公园比例	24.0	25.8	23.4	24.2	23.6	−0.011
13. 有自助免费饮水设施（即得分为1）的公园比例	3.2	3.1	2.5	2.6	2.5	−0.025
14. 座椅数量足够、数量一般（即得分为1）的公园比例	65.8	69.2	71.3	73.0	70.1	0.009
15. 座椅周围的遮阴情况非常好，较好，一般（即得分为1）的公园比例	83.2	85.3	81.2	84.3	84.1	0.025
16. 垃圾桶的数量足够、一般（即得分为1）的公园比例	78.0	78.9	77.2	78.1	76.7	−0.014
17. 入口有明确清晰的标志（即得分为1）的公园比例	18.2	21.5	18.6	18.1	17.8	−0.017
18. 有游线指引图（即得分为1）的公园比例	35.1	35.9	33.2	35.6	33.5	−0.021
维度四：安全性						
19. 照明设施数量足够、数量一般（即得分为1）的公园比例	95.8	94.4	90.3	90.0	89.2	−0.086*
20. 入口处与周围道路、房屋具有很好、较好的通透视线（即得分为1）的公园比例	73.4	72.8	70.5	72.3	73.5	−0.001

自变量	剥夺程度（1级表示剥夺程度最弱，5级表示最严重）					肯德尔相关系数r
	1级 n=24	2级 n=20	3级 n=15	4级 n=18	5级 n=10	
21. 主要活动空间与周围道路、房屋具有很好、较好的通透视线（即得分为1）的公园比例	65.2	66.9	62.3	65.5	61.2	−0.018
22. 无栏杆缺失、梯道无扶手等危险因素存在（即得分为1）的公园比例	85.4	84.9	83.7	83.5	81.3	−0.057*
23. 较深水体、坡度较大的路面等危险因素周边有警示牌（即得分为1）的公园比例	80.3	80.9	78.9	79.2	78.6	−0.012
24. 与公园入口相邻的公路有保证行人安全穿越马路的斑马线（即得分为1）的公园比例	38.7	37.8	34.6	40.2	34.2	−0.009

* 表示达5%显著水平。

道与剥夺较弱的街道相比，拥有较少的运动场地、运动设施类型，公园进行体力活动的适宜性较差，维护管理较差。各类街道内公园的儿童游憩设施均较少，表明重庆市中心城区公园规划在儿童使用方面并不友好。

5.2.3　公园公平格局影响因素分析

采用ArcGIS中的地理加权回归，分析社会剥夺对城市公园公平格局的影响，结果如图5-11~图5-15所示。从图5-11、图5-12中可知，剥夺指数与公园可达性、数量呈负相关，剥夺数值越高，公园可达性越低、数量越少。可达性回归系数高值集中在西部沙坪坝片区，数量回归系数呈"西高东低"趋势，高值集中在西部边缘区域。

剥夺指数对公园面积、质量的影响体现出区域差异性（图5-13~图5-15）。总面积方面，中部、南部街道的回归系数均为正值，表明这些区域的公园总面积未受到社会剥夺的负面影响，负高值集中在北部边缘区，表明社会剥夺

越强，享有的公园总面积越少。质量方面，中部、南部的剥夺指数与公园质量得分呈正相关，而北部边缘区域呈负相关，表明北部边缘区域的公园质量受社会剥夺的影响较大，社会剥夺

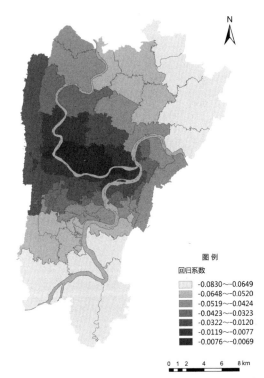

图5-11　综合剥夺指数影响公园可达性的回归系数分布示意图

113

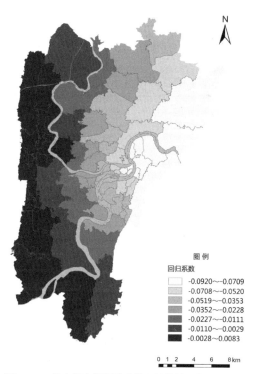

图 5-12　综合剥夺指数影响公园数量的回归系数分布
示意图

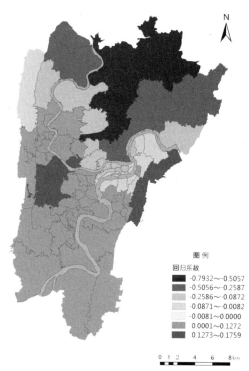

图 5-13　综合剥夺指数影响公园总面积的回归系数分
布示意图

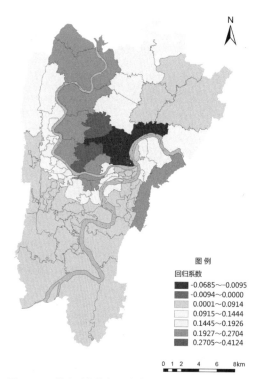

图 5-14　综合剥夺指数影响人均公园面积的回归系数
分布示意图

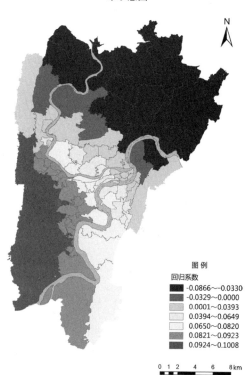

图 5-15　综合剥夺指数影响公园质量的回归系数分布
示意图

越严重，公园质量越低。剥夺指数与公园人均公园面积总体呈正相关（图5-14），表明社会剥夺对人均公园面积的负面影响不大。

5.3 弱势群体识别

5.3.1 不同群体基尼系数计算结果

1. 常住人口——公园可达性与总面积空间分布的公平性

运用 STATA 13.0 计算得到常住人口的公园可达性空间分布的基尼系数为 0.6997，常住人口的公园总面积空间分布的基尼系数为 0.5687（表5-9）。常住人口的公园可达性空间分布、面积空间分布的洛伦兹曲线，如图5-16和图5-17所示。

2. 老龄群体——公园可达性与总面积空间分布的公平性

运用 STATA 13.0 计算得到重庆市中心城区老年群体公园可达性空间分布的基尼系数为 0.7203，老年群体公园总面积空间分布的基尼系数为 0.6113（表5-10）。老龄群体的公园可达性空间分布、面积空间

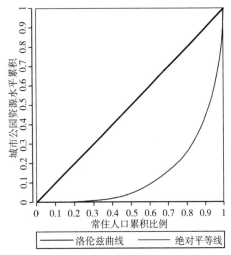

图 5-16 常住人口的公园可达性空间分布的洛伦兹曲线图

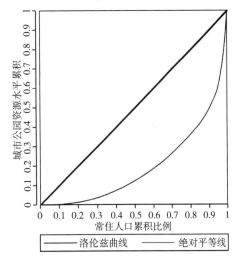

图 5-17 常住人口的公园总面积空间分布的洛伦兹曲线图

常住人口累计人口比例享有的公园可达性、总面积比例累计表 表5-9

常住人口累计比例（%）	10	20	30	40	50	60	70	80	90	100
公园可达性累计比例（%）	0	0.28	0.87	2.03	4.67	9.49	16.84	26.98	45.40	100
公园总面积累计比例（%）	0.25	1.41	3.66	8.50	12.46	20.57	26.48	36.51	49.66	100

老年群体累计人口比例享有的公园可达性、总面积比例累计表 表5-10

老年人口累计比例（%）	10	20	30	40	50	60	70	80	90	100
公园可达性累计比例（%）	0	0.09	0.87	2.50	6.54	11.40	18.72	29.82	45.40	100
公园总面积累计比例（%）	0	0.09	0.87	2.50	6.54	11.40	18.72	29.82	45.40	100

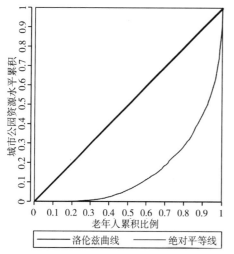

图 5-18　老年群体的公园可达性空间分布的洛伦兹曲线图

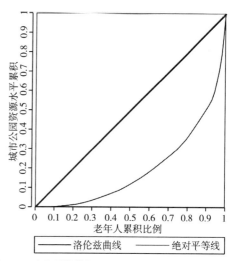

图 5-19　老年群体的公园总面积空间分布的洛伦兹曲线图

分布的洛伦兹曲线，如图 5-18 和图 5-19 所示。

3. 儿童群体——公园可达性与总面积空间分布的公平性

运用 STATA 13.0 计算得到重庆市中心城区儿童群体公园可达性空间分布的基尼系数为 0.7036，儿童群体公园总面积空间分布的基尼系数为 0.6109（表 5-11）。儿童群体的公园可达性空间分布、面积空间分布的洛伦兹曲线，如图 5-20 和图 5-21 所示。

儿童群体累计人口比例享有的公园可达性、总面积比例累计表　　表5-11

儿童人口累计比例（%）	10	20	30	40	50	60	70	80	90	100
公园可达性累计比例（%）	0	0.09	0.87	2.50	6.54	11.40	18.72	29.82	45.40	100
公园总面积累计比例（%）	0.46	1.56	3.97	7.55	12.12	18.12	26.99	36.51	53.71	100

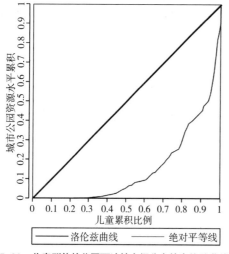

图 5-20　儿童群体的公园可达性空间分布的洛伦兹曲线图

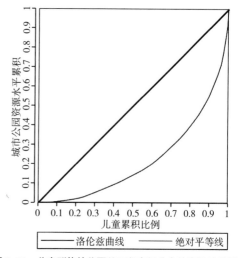

图 5-21　儿童群体的公园总面积空间分布的洛伦兹曲线图

4.失业及低收入群体——公园可达性总面积空间分布的公平性

运用 STATA 13.0 计算得到重庆市中心城区失业及低收入群体公园可达性空间分布的基尼系数为 0.7024，失业及低收入群体公园总面积空间分布的基尼系数为 0.6128（表 5-12）。儿童群体的公园可达性空间分布、面积空间分布的洛伦兹曲线，如图 5-22 和图 5-23 所示。

5.3.2 失公群体识别结果

将上述各群体基于两种指标计算的基尼系数进行汇总（表 5-13），通过基尼系数对比不同群体之间的公园资源享有的公平性差异。可以发现，常住人口的可达性、公园总

面积基尼系数均优于老年人、儿童、失业及低收入人群这三类弱势群体。但常住人口与弱势群体间的公平差异不大，三类弱势群体间可达性和公园总面积资源分布的公平差异也不大。

值得注意的是，虽然各群体间的基尼系数差异不大，但各群体基于可达性分布和基于公园总面积分布的基尼系数均大于 0.6，基于可达性的基尼系数值均达到了 0.7，参照基尼系数分级标准，重庆市中心城区各群体的公园面积空间分布、可达性空间分布的公平状况都不容乐观。

基尼系数方法能够对同一城市不同时间段的公共服务公平状况进行比较，还能够对几个城市在同一时间段的公共服务公平状况进行比较。虽然基尼系数方法在城市公共服

失业及低收入人群累计人口比例享有的公园可达性、总面积比例累计表　　　表5-12

失业及低收入人口累计比例（%）	10	20	30	40	50	60	70	80	90	100
公园可达性累计比例（%）	0	0.28	1.02	2.50	5.18	10.41	18.20	27.93	47.48	100
公园总面积累计比例（%）	0.46	1.56	3.97	7.55	12.12	18.12	26.99	36.51	53.71	100

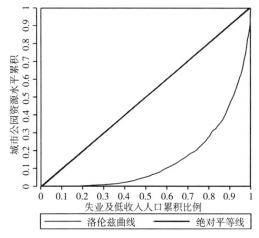

图 5-22　失业及低收入人群公园可达性空间分布的洛伦兹曲线图

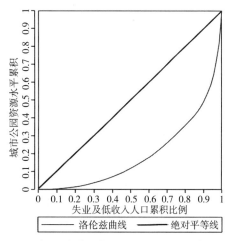

图 5-23　失业及低收入人群公园总面积空间分布的洛伦兹曲线图

不同群体的城市公园资源享有的基尼系数计算结果　　　　　表5-13

	常住人口	老年人	儿童	失业及低收入人群
基于可达性的基尼系数	0.6997	0.7203	0.7036	0.7024
基于公园总面积的基尼系数	0.5687	0.6113	0.6109	0.6128

务公平性研究方面的成果已经较为成熟，显现出较强的适应性，但仍需要与其他同类研究进行对比、总结，才能更为客观地揭示问题。

在本研究之前，尚无采用基尼系数方法对重庆城市公园公平性进行评价的研究。因此采取相对宽泛的时间段与类似的研究对象进行几个城市共时性比较，以对不同城市公共服务公平状况进行对比。如唐子来等对上海城市公共绿地的研究，得出 2010 年上海市中心城区公共绿地资源分配的基尼系数为0.292[122]；王兰等对上海市中心城区社区体育设施分布的公平性进行评价，采用可达性指标、人均和地均体育资源供应量指标，计算得到的基尼系数分别为 0.29、0.38、0.54[210]。与上海公共服务的公平性基尼系数计算结果相比，重庆中心城区城市公园服务的基尼系数较大，体现出可达性、公园面积分布的公平性均较差。究其原因，可能是由于重庆山地地形的特殊性造成公园建设发展的局限。

（1）中心城区建设用地紧张，城市公园用地不得不让位于生活、商业用地及经营性用地，面积较少。分析重庆市建成区面积与城市公园、城市公共绿地面积的增长趋势，可以看出从 2011 年到 2015 年，重庆建成区面积增长较快，而公共绿地、城市公园面积却未有稳定增长，从 2011 年到 2015 年，建成区面积增长了 100km²，而公园面积仅增加了 10km²（图 5-24）；人均公园面积呈现了不增反降的趋势（图 5-25）。

（2）重庆市人均公园绿地面积统计也存在一定的特殊性，采用不同的口径统计出的数据差异极大，由此也对城市公园供给形成了错误认知。据 2012 年全国人均公园绿地面积统计，重庆市人均公园绿地面积为18.04m²，高于全国人均公园绿地 12.26m²，居全国 31 个省市自治区直辖市第一位。而这个统计是包括重庆主城区和各区县的，对于城市公园绿地的统计范围也极为广泛，将城市中的其他绿地、郊野公园、自然山体均统计在范围之内，由此形成的人均公园数值较为乐观。但若将视野缩小到主城区范围之内，就会发现主城区城市公园供给存在严重不足

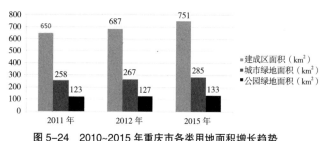

图 5-24　2010~2015 年重庆市各类用地面积增长趋势
图片来源：《重庆市主城区绿地系统规划（2018—2035）》

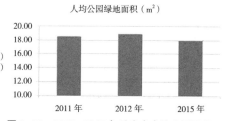

人均公园绿地面积（m²）

图 5-25　2010~2015 年重庆市人均公园面积
图片来源：《重庆市主城区绿地系统规划（2018—2035）》

的问题，根据《重庆市主城区绿地系统规划（2018—2035）》在编制过程中的数据统计，2013年重庆市主城区人均公园绿地面积仅为4.61m²（建设用地内公园绿地），若将其他绿地纳入统计的人均公园面积为6.74m²。与上海、成都等特大城市相比，重庆市主城区的绿地率、绿化覆盖率等与国内同等城市差距不大，但若审视公园服务于人的能力，重庆市城市公园建设还存在显著的问题，在人均公园面积、公园服务半径覆盖率、覆盖人群数量等指标上仍有差距。

（3）如本书5.1.2节中城市公园数量、面积、空间布局、可达性计算结果可以发现，重庆市中心城区范围内公园的资源量、可达性、人口密度存在明显的空间分异。核心区公园数量多、总面积小，小型公园占大多数；路网发达，可达性较好；但人口密度较大，公园资源紧张。外围新城区域公园数量少，多为大型公园，但布局较为分散，加之受山水的阻挡与割裂、通行距离的影响，可达性明显较为受限；外围人口密度较低，路网建设还不太完善，公园资源充裕。整体而言，中心城区城市公园的供给与需求存在错位，高需求区域的公园资源量较少，低需求区域的公园资源量虽充沛，但可达性却较差。

综上，重庆市中心城区常住人口的可达性、公园总面积空间分布均优于老年人、儿童、失业及低收入人群这三类弱势群体。各类群体公园服务水平基尼系数差异不大，但均高于0.6，参照联合国有关组织对于收入分配基尼系数的分级标准，对比其他城市公共绿地、体育设施等公共服务水平的基尼系数，呈现出资源分配高度不平均的状况，表明与群体

间的公平问题相比，重庆市中心城区整体的公园均衡与公平问题更需受到重视。本书对中心城区公园资源高度不平均状况进行了剖析，试图明晰问题背后的原因，为优化重庆市中心城区城市公园资源分配提供借鉴。

5.4　小结评述

本书以重庆市中心城区为例，探索剥夺指数在城市公园公平性研究方面的应用。

（1）采用主成分因子分析法构建剥夺指数识别重庆市中心城区各街道的剥夺状况，结果表现为核心区域的剥夺状况整体弱于外围区域。剥夺较为严重的街道主要有：九龙坡区华岩镇、大渡口区八桥镇、大渡口区建胜镇、巴南区花溪街道、沙坪坝区井口镇、南岸区鸡冠石镇、江北区铁山坪街道等。

（2）对剥夺严重的弱势街道公园供给公平状况进行比较，发现剥夺程度严重街道与剥夺程度较弱街道相比，公园可达性较差。在公园数量、公园总面积、人均公园面积这几个指标上，各剥夺等级街道并未呈现出差异；质量方面，剥夺程度严重的弱势街道的公园质量较低。在对公园质量各要素进行分析的结果中，发现剥夺程度严重的弱势街道与剥夺程度较弱的街道相比，拥有较少的运动场地、运动设施类型，公园进行体力活动的适宜性较差，维护管理较差。本书认为重庆市中心城区弱势街道的公园规划需要以提升可达性、提升公园质量为重点工作，尤其要注重运动场地、运动设施的布置，提升公园的体力活动适宜性。

（3）采用地理加权进行城市公园公平格

局的社会影响分析结果表明，剥夺指数对城市公园面积、质量的影响较为复杂；与可达性、数量呈负相关，即剥夺越强的地方公园可达性越差、公园数量越少。剥夺指数对城市公园质量公平的影响体现出区域差异性。中心区域、南部区域受社会剥夺的影响干扰较小，而北部区域（渝北区、北碚区）社会剥夺越严重的街道，城市公园质量越低。

（4）本书分别采用各街道的公园可达性、各街道内公园总面积表征公园的服务能力，基于基尼系数方法计算各街道常住人口、老年群体、儿童、失业人群的公园服务公平性。结果表明，常住人口的可达性、公园总面积空间分布均优于老年人、儿童、失业及低收入人群这三类弱势群体。但常住人口与弱势群体间的公平差异不大，三类弱势群体间的公平差异也不大。

虽然各群体间的基尼系数差异不大，重庆市中心城区各类群体的公园服务水平（可达性、公园总面积）基尼系数均高于0.6；呈现出公园资源分配高度不平均的状况，表明与群体间的公平问题相比，重庆市中心城区整体的公园均衡与公平问题更需受到重视。本书对中心城区公园资源高度不平均状况进行了剖析，山地地形的特殊性是造成重庆公园建设发展局限性的因素之一。

第 6 章
基于主体行为活动的
公园公平绩效评价方法实证

传统的城市公园规划实践中，缺少有效的方法对人们的游憩和使用需求进行识别评价，公园规划布局往往依据蓝图或区位理论做定性的分析和判断，造成公园供给与需求之间的矛盾不断激化。本章采用 POI 大数据方法和实地调研访谈方法，分别对人群活动需求与公园空间布局的匹配度、人群使用需求与公园供给的匹配度进行分析，旨在从主体行为活动视角评价城市公园的需求公平，为公园公平绩效评价和空间布局优化提供方法借鉴。

6.1　研究区域与方法

6.1.1　研究区域

本章的研究区域同样是重庆市中心城区，研究对象为重庆市中心城区范围内的 335 个城市公园，包括综合公园、专类公园、社区公园、游园四类，公园总面积 4115.27hm²，约占重庆市主城区公园总面积的 90%。

6.1.2　研究构成

1. 人群活动需求与公园服务压力匹配性分析

采集重庆市中心城区与人群活动分布相关、对城市公园需求产生影响的 POI 数据，利用 POI 数据表征人群对公园需求的空间分布特征。具体包括三部分内容：①将公园分成大、中、小型三类，通过泰森多边形方法获得各公园的服务范围，计算各类公园的服务压力；②采用栅格权重赋值法识别公园需

求水平；③基于公园服务压力和需求水平提出公园布局优化的方案。

2. 人群使用需求与公园供给匹配性分析

采用现场调研、访谈的形式，对重庆市中心城区 335 个公园，包含综合公园、专类公园、社区公园、游园四类进行调查，通过定性分析公园的供给特征、人群的需求特征，判断公园供给与需求是否匹配，存在哪些问题。

6.1.3　数据与方法

1. 人群活动需求与公园布局匹配度分析

1）大数据方法——POI 数据

利用大数据研究人群的空间聚集区域、使用模式，能够将居民对公园的需求程度直观地通过数据、图的方式表现出来，进而引导公园资源的合理配置，提高公园规划布局的科学性与人性化。众多大数据来源中的 POI（Point of Interest）数据，包括名称、地址、空间坐标等详细信息，具有时效强、覆盖范围广、定位准确等特点，可以清晰地呈现人们活动的空间分布与强度，为公园需求分析提供了新的路径。

为有效反映使用人群的活动强度，首先对众多类型的 POI 数据进行有目的的选择，选取与公园使用行为密切相关的 POI 数据类型。对公园游憩活动产生影响的因素大致可以总结为可达性、人口密度、人群社会经济地位，因此本书选取交通便捷性、文化娱乐设施丰富度、办公设施数量、公共服务便捷性、居住区数量及人群收入 6 个因子作为影响主体行为活动的主要影响因子，根据这些影响

因子对应检索能够表征其含义的 POI 数据来源，分别有交通设施 POI，体育休闲 POI，教育培训 POI，购物服务 POI，公司 POI，公共设施 POI，住宅 POI，房屋均价 POI 8 种类型 POI 数据。由于表征人群社会经济地位的 POI 数据类型难以直接获得，住房价格在一定程度上能够客观反映居民的经济水平和财富状况；研究通过爬取链家网、安居客上的房价信息，用来表征人群社会经济地位分异状况。

对公园游憩活动产生影响的因素不仅包括上述部分，还包括公园的大小、公园的吸引力等，但这些信息无法通过 POI 数据反映出来，故本书仅将上述指标作为主要影响因素，表征公园游憩活动影响因素的 POI 数据如表 6-1 和图 6-1 所示。

公园使用活动的主要影响因素、因子及POI指标选取　　表6-1

影响因素	影响因子	POI表征指标
可达性	交通便捷性	交通设施 POI 数量
人口分布	文化娱乐设施丰富度	体育休闲 POI，教育培训 POI，购物服务 POI 数量
	就业机会	公司 POI 数量
	公共服务便捷性	公共设施 POI 数量
	居住区数量	住宅 POI 数量
社会经济地位	人群收入	房屋均价 POI

2）公园服务压力评价

公园服务范围内 POI 点的数量在一定程度上反映了该区域潜在使用人群的数量与使用强度，公园面积在一定程度上与其服务能力呈正相关关系。因此，本书基于公园面积

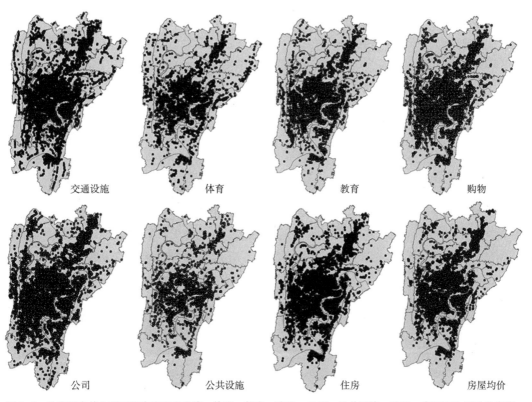

图 6-1　从左到右从上到下依次为交通设施、体育、教育、购物、公司、公共设施、住宅、房屋均价 POI 分布图

和公园服务范围内的 POI 点数量这两个指标对公园服务压力进行定量评价，将公园服务压力定义为某一公园服务范围内的 POI 点数量与该公园面积的比值。

将上文提到的 8 类 POI 数据、公园质心数据导入 GIS，确保二者均为一个坐标系。通过 GIS 中的泰森多边形工具，以公园质心为离散点，计算各公园的服务范围。导出含有 POI 点数量和公园面积的 GIS 属性表，计算二者的比值，即得出各公园的服务压力。对公园服务压力计算结果的数值进行排序分级，数值越大级别越高，代表服务压力越大。

由于在公园体系中，不同面积等级公园的服务能力和服务半径有所差异，若统一计算服务区域，各公园服务范围会有重叠；为更准确地进行评价，视重庆市中心城区情况将公园依据面积分为不同等级（表 6-2），在每一个等级内分设不同标准来评价公园的服务压力。出于居民的活动习惯以及出行距离考虑，将重庆市中心城区现有的 335 个公园按面积分为 3 类：小型公园、中型公园、大型公园（表 6-2）。

3）公园需求水平识别

首先利用 yaahp 10.0 软件进行 AHP 层次分析，判定交通便捷性、文化娱乐设施丰富度、就业岗位数量、公共服务便捷性、居住区数量、房屋均价 6 个影响因子的权重。其

次，利用 GIS 中的渔网工具将城市中心区域划分成 1000×1000m 的单元网格。将对应于 6 个影响因子的 8 类 POI 数据导入 GIS，分别计算各单元网格内各影响因子的评价分值。

计算步骤为：①先将各类 POI 数据按数量多少进行 5 个等级的划分；②计算各空间单元内表征各影响因子的 POI 数量，明确其落在 1~5 之间的哪个等级，为其赋值（1，2，3，4，5）并乘以权重；③所得数值为各空间网格单元的评价数值，将数值通过 GIS 可视化得到研究范围内的公园需求水平，颜色越深的区域，表示对公园需求水平越高。

4）公园布局优化

将研究区域划分为 1000×1000m 的网格，将需求水平评价与公园服务压力评价进行叠加分析，根据泰森多边形原理选择新增公园的地理位置，提出公园布局优化方案。

2. 人群使用需求与公园资源配置匹配度分析

2018 年 4 月到 2019 年 4 月之间，本书采用基础信息搜集、实地调研、拍照、访谈相结合的方法对重庆市中心城区 335 个公园进行了较为详细的调查，主要对公园的以下几个方面进行调查记录：①场地建设条件；②用地规模；③绿化与景观设计；④配套设施（儿童游憩设施、健身康体设施、运动场地、安全设施）；⑤可达性；⑥管理与维护。

依据面积大小对重庆市中心城区公园分类　　　表6-2

公园类型	数量（个）	数量占比（%）	特点
大型公园（≥ 20hm²）	40	11.9	可为全市居民服务
中型公园（2~20hm²）	186	55.5	服务半径较大，游憩设施较齐全，为一定范围内的居民提供服务
小型公园（≤ 2hm²）	109	32.5	服务半径小，主要为周边居民提供服务

6.2　人群活动需求与公园服务压力匹配性分析

6.2.1　公园服务压力评价结果

图6-2~图6-4分别为重庆市中心城区大型、中型、小型公园服务压力图，压力等级按计算数值分为五个等级，数值越高，表示公园服务压力越大。分别统计大、中、小型公园中各压力等级公园的数量发现：重庆市中心城区的小型公园服务压力最大（服务压力较大的公园占比39.45%），其次是大型公园（服务压力较大的公园占比37.5%）（表6-3）。

从大型公园服务压力评价结果（图6-2）可以发现：两个服务压力最大的公园分别为鹅岭公园和江北嘴中央公园。四级压力的公园有：石门公园（江北区）、龙头寺公园（江北区）、龙头寺公园（渝北区）、彩云湖湿地公园（九龙坡区）、巴滨城市公园（巴南区）、鱼洞滨江运动休闲公园（巴南区），这些公园周边居住人口、商业服务密集，对大型公园需求度较高。总体而言，渝中半岛、南城老城区的大型公园最为缺乏，江北、九龙坡、巴南区人口、商业密集区域需要补充大型公园，中心城区北部的城市新区大型公园服务

压力普遍较小。

小型公园的服务压力大的区域相对较多，主要是第三、四级压力；四级压力主要位于北部城市新区和核心区域的渝中半岛、南岸老城区。整体而言，北部区域的小型公园服务压力较大，主要原因是这片区域的小型公园数量较少。中型公园服务压力大的区域主要位于江北区观音桥街道、南岸区南坪街道、九龙坡谢家湾街道、沙坪坝小龙坎附近。服务压力四级的区域主要位于九龙坡区和南岸旧城区。

综上，利用POI数据以及GIS软件的分析方式，可从图上直观地看出，重庆市中心

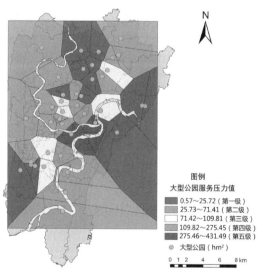

图例
大型公园服务压力值

- 0.57~25.72（第一级）
- 25.73~71.41（第二级）
- 71.42~109.81（第三级）
- 109.82~275.45（第四级）
- 275.46~431.49（第五级）
- ● 大型公园（hm²）

0 1 2　4　6　8km

图6-2　大型公园服务压力值

公园中各压力等级包含的公园数量、占比　　　　　表6-3

公园类型	各服务压力等级包含的公园数量（个）					三、四、五级（高压力）公园数量占比（%）
	一级	二级	三级	四级	五级	
大型公园（≥20hm²）	13	12	6	7	2	37.50
中型公园（2~20hm²）	99	51	21	11	4	19.35
小型公园（≤2hm²）	44	22	33	9	1	39.45

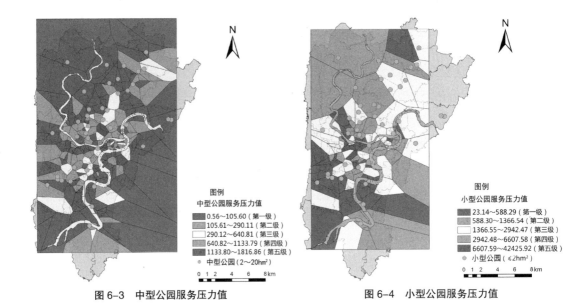

图6-3 中型公园服务压力值　　　　图6-4 小型公园服务压力值

城区公园资源配置存在不合理现象，主要表现为：大型公园和小型公园布局存在明显不均衡现象，大型公园主要集中在北部新城区域，小型公园主要集中在核心的老城区和南部区域，核心区域的渝中半岛和南部区域大型公园严重缺乏，北部新区的小型公园服务压力较大。整个中心城区的小型公园服务压力均较大，需要增加小型公园数量。此外，第四、五级压力集中在城市中心区域的核心区，这明显地反映出核心区的大型公园、中型公园、小型公园几种类型公园都比较缺乏，公园布局未能满足人群需求。

6.2.2 公园需求水平识别

不同的功能对于公园有着不一样的需求，需要对重庆市不同空间的功能偏向进行分析。因此，利用yaahp 10.0软件中的AHP层次分析法对公园使用的6个影响因子进行权重判断，得到公园使用行为影响因子权重表

（表6-4），并将其转化为GIS评价指标分值表（表6-5），用栅格法在GIS空间中计算得出可视化结果。

公园使用行为影响因子权重表　表6-4

影响因素	影响因子	权重
可达性	交通便捷性	0.0615
社会经济地位	房屋均价	0.0425
人口分布	文化娱乐设施丰富度	0.0425
	就业岗位数量	0.1674
	公共服务便捷性	0.1456
	居住区数量	0.3463

通过GIS可视化计算得到的基于POI权重赋值的公园需求识别结果如图6-5所示。将公园需求分成五个级别，在理想情况下，评价等级越高的区域应该有更密且服务水平更高的社区公园、街旁绿地，并且距离区域性或者全市性的大型公园更近或者更方便到达。

由图6-5可知，重庆市中心城区公园需求量最高的区域仍集中在核心的旧城区，具

126

GIS评价指标分值表　　　　　　　　　　　　　　　表6-5

指标	分级值	评分值	权重
交通便捷性	根据交通设施数量分为5个等级	1、2、3、4、5	0.0615
社会经济地位	按房屋均价分级为5个等级（元/m²）：≤7000、9000、11000、15000、≥15000	1、2、3、4、5	0.0425
文化娱乐设施丰富度	根据文化娱乐设施（体育、教育、购物POI）数量分为5个等级	1、2、3、4、5	0.0425
就业岗位数量	根据办公设施数（公司POI）量分为5个等级	1、2、3、4、5	0.1674
公共服务便捷性	根据公共设施数量分为5个等级	1、2、3、4、5	0.1456
居住区数量	根据居住区数量分为5个等级	1、2、3、4、5	0.3463

体包括渝中区、沙坪坝区、江北区、南岸南坪组团。由此可见，重庆市中心城区人群居住、通勤、休闲娱乐的重点区域多聚集在老城区，这样不仅带来了交通的压力，在公园服务方面也相应产生了高压力高需求区域。与大、中、小型各等级公园布局图（图6-6）相比较，会发现现状公园布局与人群使用需求存在空间失配现象。渝中区、沙坪坝区、南岸南坪组团这些高需求区域现状公园较少，且缺乏大型公园。

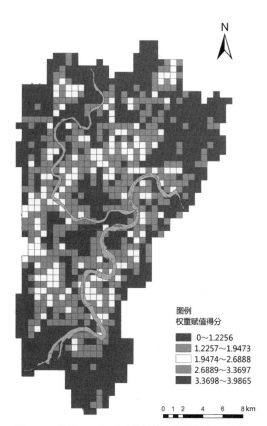

图6-5　基于POI权重赋值的城市公园需求识别结果

图例
权重赋值得分
- 0～1.2256
- 1.2257～1.9473
- 1.9474～2.6888
- 2.6889～3.3697
- 3.3698～3.9865

0 1 2　4　6　8km

图6-6　现状大、中、小型公园的空间分布

图例
大中小型公园的空间分布
- · ≤2hm²
- ○ 2～20hm²
- ● ≥20hm²

0 1 2　4　6　8km

6.2.3 基于服务压力评价与需求识别的公园布局优化

根据服务能力评价与需求分析的结果，一方面，出于资源利用高效化的考虑，新增的公园选址要尽量处在靠近泰森多边形边界的地方，以及需求评价高的地块上；另一方面，结合控规与实地调研情况，提出新增公园的选址意见，使公园空间布局与人群游憩使用需求布局错位的矛盾有所缓解。具体公园布局优化建议如图6-7~图6-9所示，图中分别标明了建议新增的大型、中型、小型公园的空间位置。

6.3 人群使用需求与公园供给匹配性分析

6.3.1 公园供给特征解读

1. 地形局限与实用主义下的用地残次性

重庆作为典型的山地城市，由于用地的局促使得城市发展必须选择高密度、紧凑集约的发展模式，不仅表现为人口的高度集聚，还表现在物质空间的高强度开发。在以往"以经济建设为中心"的发展思路下，城市发展较为关注提升城市竞争力的经济型基础设施投入，促进公共福利和民生福祉的社会性基础设施则往往被视为"配套从属"。公园有显著的公益性特征，在与其他具有明显收益性的建设用地的竞争中处于劣势。

资本逐利和实用主义的驱动下，现行规划往往将不适合开发建设的城市边角用地划作公共空间，或将城市中心区的公共空间置换到城市外围，导致公共空间布局与需求矛盾加剧。山地城市中开发条件好的平地、缓坡被优先用于有明显收益的建设用地类型。开发难度大、价值低的边角地块，如山头、陡坡、深谷、高压电线走廊等，被划为城市公园。由此造成公园选址欠合理，建设难度大；用地条件不良，不便市民到达，残疾人无障碍通道设计更为困难。

图6-7　建议新增大型公园的空间位置

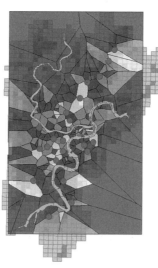

图6-8　建议新增中型公园的空间位置

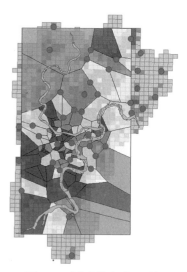

图6-9　建议新增小型公园的空间位置

如重庆市游乐园,坡度大于 10% 的用地占总用地的 68%;鸿恩寺公园,坡度大于 10% 的用地占总用地的 84%。有些公园建在地质灾害易发地段,这些场地在突发事件如地震、滑坡等发生后也将成为灾区,不能起到防灾减灾疏散的作用。且目前现状公园多是在 20 世纪 80 年代末 90 年代初建设,在规划和建设时防灾减灾配套建设考虑欠缺,用于避灾的预留面积不足,饮水设施等防灾设施也普遍缺乏,总体上防灾减灾功能较弱。

2. 山体公园多,以绿化保护为导向,可进入空间少

城市内山体数量众多,大部分公园依托自然山体建设,形成"山在城中,园在山中"的独特景象。重庆主城区中山地、丘陵面积占 91%,平坝和台地面积仅占 6.7%。现状市域山体约有 242 座,其中位于城市建设区域的山体约 171 座,面积在 20hm² 以上的山体约 74 座。现状大部分坡度较缓、高平台类型的山体多被规划为居住、商业等经营性用地,剩余不适合建设的则被划作公园。

1)山体公园绿化覆盖率高、郁闭度高

受制于自然环境的生态敏感性,山地公园生态系统的自我调节、自我修复的能力较低,建设开发遵循"保护性建设"原则,活动场地、道路的开发密度与开发强度受限,植被成为构成山体公园的景观本底。如重庆市山体综合性公园的园路及铺装场地用地比例、管理建筑用地比例等与《公园设计规范》GB 51192—2016 相比,均小于规范标准,绿化用地比例高于规范标准[211]。

山体公园在建设中往往以大面积林地植被的方式保育山体,郁闭度高,造成空间的封闭感。植物配置以常绿乔木为主,夏天遮阴效果较好,但冬天加剧了空间的封闭感(图 6-10)。在一定程度上隔离了与外界的可见性,游人只能看到山上的植物,不能被外界看到,产生不安全感,也不能满足"看别人"而产生的社交参与感。加之重庆常年多雾少日照的阴郁气候,与山地林间相比,人们更向往开阔的活动空间。

空间的通透性不足,在一定程度上隔离了与外界的可见性,给人不安全感;这些因

图 6-10 山体公园内空间的封闭感

素严重限制了老年人、儿童等特殊人群的公园使用，造成公园活力的缺乏。反观邻近街道的公园与开放空间被使用得更多，是因为相比而言更具安全性与社交氛围。

2）山体公园可进入空间有限

国内城市公园多强调功能的复合性，在用地局限的状况下，山地城市公园的游憩、生态、景观功能价值矛盾更为突出，呈现"保护"与"利用"之间的难以权衡。首先，受地形限制，大多数山体公园中适合市民休闲活动的缓坡、平地空间较少，连续性差，活动空间的布置上有较大限制。公共活动场地非均质性强，人群活动空间往往根据地形条件，集中在台地区域线形或坝状空间中（图6-11），致使部分节点人群拥挤、降低了公园整体的使用效率与多样性。

大部分山体公园都采用尊重自然、保留原地形的设计手法，将少部分平坝地区作为活动空间，坡地区域保留原有野生植被或进行简单绿化，其可进入面积与平原城市公园相比要小得多。缺乏大面积的连续场地，以点状空间居多，以步道连接点状活动空间的方式形成串珠状（图6-12），由此造成人群的点状聚集效应。

总体而言，大多数山体公园均秉持生态保育优先的原则，如何实现山体公园生态保

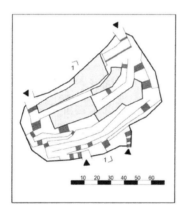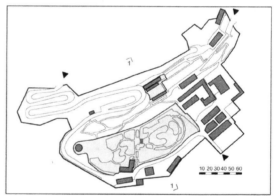

图6-11 重庆市人民公园（左）与枇杷山公园（右）公共活动空间分布图[212]

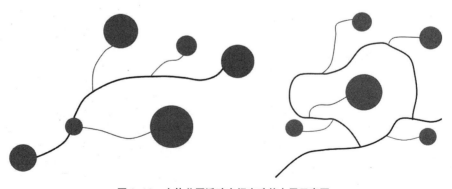

图6-12 山体公园活动空间串珠状布局示意图

育与人群使用的双赢还有待探索。

3. 布局失衡与孤岛效应

1）公园面积相差悬殊，以小公园为主

从重庆市中心城区不同面积等级公园分布图（见图4-1）可知，该地区公园分布不均匀，人口密集，多为一些小面积的公园，其中 $10hm^2$ 以下的公园数量占公园总数的78%，$20hm^2$ 以上的公园仅占总数的6.5%，人均公园面积低。周边新区公园面积较大、分布较广、数量较多，$20hm^2$ 以上的大型公园中约70%都集中在北部的城市新区，城市新区的人均公园面积明显高于中心城区。

如表6-6和表6-7所示，重庆市中心城区公园面积的中位数为 $3.85hm^2$。$2hm^2$ 以下的公园数量为109个，占总数的32.54%；$10hm^2$ 以下的公园数量为261个，占总数的77.91%，占总面积的21.57%。$50hm^2$ 以上公园数量为16个，占总数的4.78%，占总面积的48.37%。由此可见，重庆市中心城区公园面积悬殊，存在显著的非均衡性。小公园数量多、面积小，近80%的公园是 $10hm^2$ 以下的小型公园（109个），总面积却仅占21.57%；大于 $50hm^2$ 的大型公园虽数量少（16个），占比却接近研究范围内所有公园总面积的50%。

**重庆市中心城区公园面积的
四分位数值统计　表6-7**

四分位数	数值
第一四分位数	1.6353
第二四分位数（中位数）	3.8497
第三四分位数	9.2895
四分位间距	7.6542

2）大山大水割裂导致孤岛效应、联系不足

山地城市先天的山水格局对城市发展造成一定的限制与约束，形成了大疏（山水生态空间）大密（城市中心区）的城市格局。城市公园多依托自然山水空间建设，由此形成空间分布的先天不均衡。此外，在高密度发展背景下，城市中大量兴建的建筑、路网等将自然空间进一步破碎化，形成一个个小的"孤岛"，各绿色斑块之间缺乏联系，导致整个城市绿地系统及公园系统的联系性较弱、可达性整体较差。

目前，山地城市的绿地系统规划也按照平原城市绿地的规划方式，遵照"斑块—廊道—基质""点—线—面"相结合的原则进行规划建设，由于地形的特殊性，这些点、线虽然在图面表达上形成了四通八达的网络，但实际的地形高差与道路交通阻隔下，各点、线仍处于孤立状态，城市绿地系统的网络系统构建存在一定的现实困难。

6.3.2　公园需求特征解读

1. 居民的健身游憩需求不断提高

在调研中，对居民的实地访谈发现，居民对于"公园的可达性是否满意""公园景观

重庆市中心城区公园面积等级概况　表6-6

按面积分类（hm^2）	面积（hm^2）	占总面积比例（%）	数量（个）	占总数量比例（%）
≤ 2	122.79	2.98	109	32.54
2~10	765.22	18.59	152	45.37
10~20	528.04	12.83	36	10.75
20~50	708.50	17.22	22	6.57
≥ 50	1990.72	48.37	16	4.78

规划设计、管理维护是否满意"问题的回复，大部分人群认为"较为满意"；"到公园中的目的"选择"健身"的人较多，对"您认为公园目前存在哪些问题""您期望怎样改进"这两个问题较为关注，大部分反映的结果均是"公园缺乏小孩子耍的地方""缺乏健身场地、设施"，改进策略方面期望"增强公园的游憩健身功能"。

由此可见，伴随居民生活水平的提高与城市健康问题的恶化，居民对城市公园的健康、游憩愈发重视，对城市公园服务供给的质和量上提出更高和更多元化的要求。增加公园的游憩服务功能，即服务于人的功能，是满足人民群众对美好生活的向往的有效途径。

2. 公园空间分异导致的游憩需求分异

山地城市发展条件受地形、建设用地和生态环境等因素的制约，可建设用地主要位于两山之间的平谷地带。中心城区开发强度大，人口密度高，绿地蚕食程度高，公园面积和数量扩展受限，因此城市公园的增量主要发生在外围新建区。以重庆市中心城区为例，现状21处 50hm² 以上的城市公园，仅彩云湖公园、双山公园位于城市密集建成区范围内，其余19处公园均位于城市建成区外围，由此形成以下状况：中心城区绿地不足，不能满足使用需求，外围公园富裕，不同等级间的公园未构成连续的体系，中心资源紧缺，外围利用率不足。

公园空间的分异进一步导致北部新城与核心旧城区在游憩需求上产生分异。北部新城区域人口数量少，密度低，公园面积大而集中，核心旧城区域人口集中、密度大、公园面积小而分散。以渝北区、巴南区为例的城市边缘区域，由于城市建设用地相对不那么紧张，宝贵

的山水自然生态空间保留较为完整，公园面积较大，为设施布局提供了相对充裕的空间，且有较为丰富的山水资源。这一人口与公园空间分布的特征直接决定了公园的使用方式与使用频率。居民日常使用的多是社区公园，以步行方式为主；大型公园使用多集中在节假日，以公共交通、机动车为主要出行方式。

6.3.3　供需匹配性分析

1. 设施未能迎合时代发展与人群使用需求

1）游憩康体设施与运动场地不足

调研中发现大多公园只布置了基本的座椅、健身器材，大部分公园存在儿童游憩设施、康体设施、运动场地缺乏，不能满足体育、游憩活动需求的问题（图6-13）。调研中发现重庆中心城区大部分公园均为"绿化＋步道＋坐凳（椅）＋公厕＋垃圾桶＋园灯＋简单的健身器械"的基本配置，部分山体公园只设置了园路，没有可停、可玩的空间，保证人能到达公园，但舒适性、可游性考虑较少。公园空间设计较为适合静坐、聊天等消极被动的活动，而服务于人群主动活动的场地如羽毛球场、乒乓球场地、环形跑道、篮球场、足球场等较为缺乏。随着全民健身热潮的兴起，以及城市居民闲暇时间的增多，人们的健身游憩需求与日俱增，城市公园空间与设施环境却未能同步更新与发展。

2）步行环境先天不友好，无障碍设施建设滞后

残障人群、老年人、儿童、孕妇、失业人群等弱势群体的公园享有状况在很大程度

图6-13　公园功能单一、多依赖使用者自发活动

上反映了一个城市公园建设的公平性与友好性。山地城市由于复杂的地形地貌，给老年人、儿童、残疾人公园使用带来极大不便，本研究在对重庆中心城区公园进行调研中发现，很多山体公园内部的步行环境不友好，如国会山公园、凤天生态公园、一品河亲水公园、木鱼石公园的地形均十分陡峭，梯道的安全性不足（缺乏扶手、护栏，防滑措施不足）（图6-14），无障碍设施建设不足。步行环境的不友好在一定程度上限制了部分老年人、儿童等特殊人群的公园使用。

2. 与居民生活最为贴近的社区公园公平问题凸显

1）社区公园用地残次性明显

被调查的81个社区公园中属于山地地形的有54个，约占总数的68%，其中依托自然山体建设的公园有21个，依托水体沟谷建设的公园有8个。81个社区公园中，面积1hm²以下的小型社区公园多为非山地公园，这些公园往往是居住区与道路之间的一小块平坦

图6-14　梯道安全性（扶手、护栏）、无障碍设施、休息转换空间缺乏

场地，面积小，功能简单。而面积 $3hm^2$ 以上的社区公园中，大部分依托山体、陡坡、沟谷、冲沟等建设。

社区公园的建设用地多为居住、商业用地建设后遗留的边角地块，表现出资本导向与价值选择下的残次性与边缘性。与大型综合公园和专类公园的用地条件相比较而言，社区公园用地条件更为恶劣（图6-15~图6-18）。

2）弱势群体聚居区域的社区公园问题较为显著

本研究对重庆市中心城区社区公园实地调研、现场感受与对比后，认为中心城区老

旧住区以及城市边缘地带住区存在较明显的空间正义失衡，与其他社区的差异表现最为明显的是公园质量的不公平。

中心城区老旧住区社区公园大多表现出面积小、空间局促的特征，大多依据原有的局限空间，简单布置些座椅、健身器材，且与其他区域社区公园相比，设施损耗严重，不文明现象较多（如涂鸦、故意破坏、停车占道行为），"破窗效应"明显。这些小的空间往往与居住空间相互嵌套、毗邻，停车占园、自建行为等一系列对公园、游园自发占用的不良行为进一步加剧了老旧住区公共空

图6-15　利用河道的沟谷建设一品河亲水公园

图6-16　利用道路交通岛建设的邹容公园

图6-17　利用城市中残余山体建设的燕南公园（左）和四季香山小游园（右）

图 6-18　位于高压电线走廊下的宝圣湖公园（左）和燕南公园（右）

间的稀缺性与混乱性（图 6-19），契约空间的瓦解与空间正义失衡使得住区环境愈发破败，许多人都选择迁出旧区，购买环境更好的、带有门禁和小区游园的居住区，收入受限的老年人和租房者成为老旧住区的最后坚守者。

此外，诸多老旧住区社区公园存在服务设施与安全设施缺乏、安全隐患较多的问题。公园内设施设备被盗现象严重，园灯基本不亮、设施设备被损坏现象较普遍（图 6-20）。如国会山公园、老顶坡小游园有群众反映"路灯晚上根本不亮""公园晚上几乎没人使用""从公园过路都觉得危险"。同时，低收入、老旧住区与城市边缘地带的社区公园存在游憩设施缺乏、安全设施简陋的现象，由此造成公园资源的空置、破败、无人问津。

除了中心城区老旧住区，城市边缘区域住区也值得关注。佘娇采用第六次人口普查数据对 2010 年重庆主城区的社会空间结构分析结果表明，离退休人员是影响重庆主城区社会空间的重要社会群体，密集分布在拥挤的老城区；随着旧城更新与改造，一部分离退休老年人口不得不以集体搬迁的形式迁移到城市边缘郊区的集中安置居住区内[213]，建成区边缘地带同样是低收入群体、外来人口等聚居区域，这部分外迁的老年人成为城市新贫困阶层中的一部分，成为社会弱势群体。

与欧美发达国家高收入群体为追求郊区宜人环境、逃离内城恶劣环境的郊区化动机不同，现阶段重庆郊区化的主要原因并非居民个人社会经济提升，也非个人择居意愿，而是政府自上而下的行政行为主导下的旧城改造与新区开发。在土地市场化背景下，级

图 6-19   老旧住区公共空间极其稀缺导致空间占用，仅能布置简单的设施

图 6-20   调研中发现的老旧住区周边公园涂鸦、贴广告、破坏设施、乱停车等不文明现象

差地租的市场驱动与政府行政行为合力驱动，使得城市空间发生功能置换，资本由制造业涌向房地产业，中心城区的地价不断上涨，旧有的单位住房与传统社区被新的商品房社区取代，形成资本操纵的地理重组。大部分社会经济地位较低的被拆迁人群因无力承担中心区的高房价，不得不迁往房价较低的城市郊区，还有一部分居民则被以集中安置的

方式迁往郊区,从本质上都是"被动郊区化"。

而城市外围的郊区化速度远远超前于城市基础设施与城市功能配套设施的建设速度,郊区成为老年人、低收入人群、外来人口的聚居区域。城市中遗留下的老旧城区状况也并不比郊区好,面临物质环境的破败、公共空间稀有等诸多问题。在以追逐经济价值为主要导向的思路下,边缘区域与老旧城区的潜在价值较少,成为被遗忘的空间。

3)社区公园的公共空间私有化现象已见端倪

由于城市公园建设的公益性,大部分依靠政府财政拨款建设,为城市财政带来极大负担,社区公园建设与管理主体多元化运行模式逐渐兴起。调研发现,重庆市中心城区社区公园的责任管理部门主要有:各区城市园林绿化主管部门、街道办事处、私人资本如房地产开发商、委托单位。其中街道办事处、私人资本、委托单位又多采用委托、个体承包的方式将管理维护工作分包给绿化公司或个体。层层权力与责任的分解,而具体的责权与监管制度却不明晰,造成了社区公园管

理良莠不齐,甚至浮现公共空间私有化现象。社区公园私有化现象主要表现为两种形式:一种是由房地产开发商建设管理的社区公园的私有化;一种是由委托、个体承包的方式经营管理的社区公园的商业化。

调研中发现不少社区公园存在公共空间私有化现象,这些社区公园的管理主体往往是由街道办事处或居住区业主委托的物业服务企业、个体。主要表现为以下几种形式:

(1)由房地产开发商建设经营的社区公园的私有化

国内许多城市采用BOT模式,由房地产开发商出资建设管理公园,城市主管单位从土地政策等方面给予房地产商补贴。私人资本虽在社区公园建设管理方面更为精细化,但同时也对空间附加了诸多"社会控制""排外性""符号化"色彩。

如中华坊社区公园,位于重庆市云杉北路与金科中华坊小区之间,由金地地产建设、维护与管理。本应属于公共的社区公园,却被小区围墙包围在内,成为了业主独享的私有资源(图6-21)。此外,天湖社区公园也

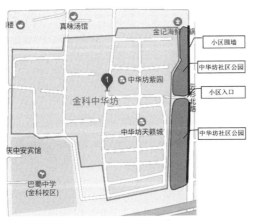

图6-21　小区围墙将社区公园与外界隔离

图 6-22　社区公园公共性的模糊化

存在这种现象。天湖社区公园拥有独特的湖光景色，湖岸一半被纳入别墅区内，剩下一半作为社区公园。然而仅剩的一半也未完全归属于公众，而是被几栋地产研发办公室建筑占据，园内几乎没有设置公园必需的休息与游憩设施。公园入口虽写着"天湖公园"，但路过的人大多并不知道这是个对大众开放的社区公园，甚至以为是属于别墅的一部分，不敢入内（图6-22）。

（2）由委托、个体承包的方式经营管理的社区公园的商业化

委托给私人、个体的社区公园呈现出明显的"消费化"，成为被资本充斥的"伪公共空间"。如观音桥的海洋广场社区公园，被开发商更名为"海洋购物公园"，整个公园大多为硬质铺装，完全成为服务于商场购物消费的附属品。

此外，一些小的社区公园成为个体的盈利场所，如调研中发现后堡公园、国会山公园委托给私人进行管理维护，这些被委托个体在公园的空地处摆满了桌椅，有偿服务茶水麻将，原本就不开阔的公园场地只留下几块边角用地和座椅给公众使用（图6-23、图6-24）。公共性质的场地被商业化，通过

图 6-23　后堡公园能够眺望江景的一侧被收费的茶水桌椅占据　　图 6-24　瑜康社区公园中的茶水桌椅

剥夺公众的空间使用权而谋利，"收费空间"进一步将这些区域的老年人、低收入人群、失业人群等弱势群体排除在外。

6.4　小结评述

本章主要从主体行为活动视角，探析城市公园的需求公平。内容包含两部分：

（1）人群活动需求与公园空间布局的匹配度分析。研究采用 POI 数据明晰人群主要的活动空间，采集重庆市中心城区与人群活动分布相关、对城市公园需求产生影响的 POI 数据，利用 POI 数据的分析对城市公园进行服务压力评价与需求识别。研究结果表明，重庆市中心城区新城区域小型公园服务压力较大，核心区域大型公园服务压力大，公园布局与人群活动需求存在空间失配现象，人群需求高的区域公园较少。此外，基于评价与识别结果提出了公园布局优化方案。

（2）人群使用需求与城市公园供给匹配度分析。采用问卷调查、访谈的形式了解重庆市中心城区公园的供给特征与需求特征，并分析二者的匹配度。认为现有的公园设施未能迎合时代发展与人群使用需求，与居民生活最为贴近社区公园公平问题凸显。

第 7 章
重庆市中心城区公园
公平绩效评价结果与优化策略

评价结果

优化策略

7.1 评价结果

基于对上述第4章、第5章、第6章三个章节三种方法的实证应用，可以发现重庆市中心城区城市公园规划布局存在的一些问题，大致可以总结为：①公园供给存在空间公平差异；②公园供给在不同社会经济群体间的社会公平差异性端倪；③弱势区域、弱势人群的公园服务有待倾斜；④人群需求与公园供给失配；⑤公园公平性受地域因素影响；⑥社区公园是公平性建设的重点内容。

7.1.1 存在明显的空间公平差异

通过对重庆市中心城区城市公园数量、面积、人均面积等进行可视化与量化对比，发现各行政区、旧城区与新区公园布局之间存在空间公平差异；整体来讲，重庆市中心城区的城市公园资源条件表现为：新区好于旧区，旧区好于边缘区。

1.9个行政区的公园数量面积差异显著

（1）以渝北区为代表的城市新区在公园数量（110个）、公园面积（1802hm²）、人均公园面积（13.4m²）方面表现较为突出，公园总面积最多的10个街道有4个属于渝北区。

（2）渝中区作为重庆市中心区的核心区域与老城区，其城市公园占行政区面积的比例最多（8.1%），数量61个，人均公园面积2.99m²，但公园总面积却仅有188hm²，说明渝中区公园数量虽多，但中小型公园占较大比例。

（3）同样为老城区的沙坪坝区，公园数量54个，公园面积250hm²，人均公园面积2.51m²，但公园面积仅占整个行政区面积的

1.74%，研究范围内没有公园的街道中有7个属于沙坪坝区。沙坪坝区城市公园规划布局在公园数量、面积上有待提升。

（4）中心城区边缘位置的两个行政区——北碚区、巴南区的公园数量、面积等指标表现均不乐观。

2.旧城区与城市新区的公园数量、面积差异显著

重庆市中心城区公园面积悬殊，小公园数量多、面积小，10hm²以下的公园数量为261个，占总数的77.91%，面积却仅占总面积的21.57%；大于50hm²的大型公园虽数量少（16个），占比却接近研究范围内所有公园总面积的50%。空间布局存在显著的非均衡性，大型公园主要布局在北部的城市新区。中心城区建设用地压力较大，除原有的一些保存较为完好的大型公园外，大多新建公园都是采用见缝插针的方式，造成数量多、总量低的现象。

重庆作为山地城市，城市公园很大程度上依托原有的自然山水基底布局，城市外围区域山水格局保留较为完好，是近年来公园增量与大型公园建设的重点区域。20hm²以上的大型公园近70%集中在北部新城区，这里同时是房屋价格的高地，住宅价格最高区是照母山植物园（269.76hm²）、园博园（253.17hm²）与嘉陵江围合的区域。价格与空间的一致北部极化，在一定程度上体现了高收入群体对大型公园稀缺资源的追逐。

7.1.2 社会公平差异已现端倪

通过"社会—空间"辩证的公园公平绩

效评价方法，发现公园公平格局与社会属性存在较为明显的关联性。30min阈值下，各级别居住小区的公园供给未呈现出显著的不公平格局，未表现出高级别居住小区在公园享有方面占有绝对优势。低级别居住小区（低档、中低档）在可达性、数量、总面积上均占优势，人均公园面积低于高级别小区（中高档、高档），能够享用的高质量公园不存在差异。

然而，15min阈值下，低级别居住区的公园享有表现出不公平现象。低级别居住小区邻近的公园多是一些面积较小的社区公园、游园，且质量等级偏低。

7.1.3 弱势区域、弱势人群的公园服务有待倾斜

本书通过剥夺指数和基尼系数实现对公园弱势区域与弱势人群的识别，并采用SPSS数理统计对公园供给差异进行定量评价，研究结果发现弱势街道在可达性、公园质量方面较差，即社会剥夺越强的街道，其可达性和公园质量越处于劣势地位。剥夺程度严重的弱势街道内的公园与剥夺较弱街道内的公园相比，拥有较少的运动场地、运动设施类型，公园进行体力活动的适宜性较差，维护管理较差，各类街道内公园的儿童游憩设施均较少。

基于基尼系数的失公群体识别表明，常住人口的可达性、公园总面积空间分布均优于老年人、儿童、失业及低收入人群这三类弱势群体。弱势群体在公园面积、可达性方面处于劣势。各群体间的基尼系数差异不大，

重庆市中心城区各类群体的公园服务水平（可达性、公园总面积）基尼系数均高于0.6，呈现出公园资源分配高度不平均的状况，表明与群体间的公平问题相比，重庆市中心城区整体的公园均衡与公平问题更需受到重视。

7.1.4 人群需求与公园供给失配

通过基于主体行为活动的公园供需公平评价实证检验，发现重庆市中心城区公园空间布局与人群活动需求存在空间失配现象，首先表现为不同等级公园与人群活动需求之间的失配，核心区域的渝中半岛和南部区域小公园较多，大型公园严重缺乏，北部新城区与之相反。其次，表现为公园供给与需求程度之间的失配，渝中区、沙坪坝区、南岸南坪组团高需求区域公园供给较少。对现场调研与访谈结果总结认为，重庆市中心城区公园设施服务建设与人群使用需求之间失配，与居民生活最为贴近的社区公园公平问题凸显，以中心城区老旧住区、城市边缘地带住区为代表的弱势群体聚居区域的社区公园问题较为显著。

7.1.5 公园公平受地域因素影响较大

通过资料分析与现场调研发现，重庆作为典型的山地城市，其城市公园发展受到山地地域的制约，具体为以下几点：

（1）表现为地形局限与实用主义下公园用地的残次性，城市中开发条件好的平地、缓坡被优先用于有明显收益的建设用地类型。开发难度大、价值低的边角地块，如山头、

陡坡、深谷、高压电线走廊等，被划为城市公园。由此造成公园选址欠合理，建设难度大；用地条件不良，不便市民到达，残疾人无障碍通道设计困难。

（2）城市范围内山体数量众多，大部分公园都依托自然山体建设，受制于地形的复杂性和自然环境的生态敏感性，依托山体建设的公园多以绿化为主，适合市民休闲活动的缓坡、平地较少，连续性差，活动空间布置受限，呈现线形或坝状的串珠状形态，可进入面积与平原城市公园相比要小得多。山体公园在建设中往往以大面积林地植被的方式保育山体，郁闭度高，造成空间的封闭感。植物配置以常绿乔木为主，郁闭度高，夏天遮阴效果较好，但冬天加剧了空间的封闭感，降低了空间的安全性与活力。

（3）重庆市中心城区发展条件受地形、建设用地和生态环境等因素的制约，可建设用地主要位于两山之间的平谷地带，形成了大疏（山水生态空间）大密（城市中心区）的城市格局。中心城区开发强度大，人口密度高，绿地蚕食程度高，公园面积和数量扩展受限，城市公园多依托外围新城区域的自然山水空间建设，形成公园空间分布的先天不均衡。

综上，如何寻找突破路径，化劣势为特色是重庆市中心城区公园建设需要考虑的问题。

7.1.6 社区公园是公平建设的重点内容

社区公园是提升弱势群体公园享有公平

性的重要载体。本书通过"社会—空间"辩证的公园公平绩效评价方法，发现 15min 阈值下，低级别居住小区邻近的公园多是一些面积较小的社区公园、游园，且多是质量等级较低的公园。因此，需要聚焦社区公园的公平问题，切实地提升弱势群体公园享有的公平性。

在调研中发现重庆市中心城区内综合公园、专类公园的公平差异不大，社区公园公平差异性较为突出，主要体现在三个方面：①社区公园用地残次性明显；②弱势群体密集的社区公园质量较差；③社区公园的公共空间私有化现象已见端倪。究其原因是综合公园、专类公园多由政府直接投入，且投入较大，多为较大面积或具有较好历史、文化、教育价值的空间；但社区公园由于建设、管理主体多元化，能力参差不齐，规范与管理体制标准不明确、不统一，呈现的空间非正义现象较为显著。总体而言，重庆市中心城区社区公园建设发展还比较滞后，表现出的诸多问题也是国内其他城市社区公园建设普遍存在的短板区域。

社区公园的公平建设对于山地城市等高密度城市具有重要意义。首先，社区公园是增加公园连通度的重要介质，山地城市公园的规划布局受制于山水格局本底，尤其是大型公园布局往往依托于原有的山体、洼地、河流。在空间布局上，难以达到以蓝图形式规划的理想、均衡状态；往往只能依靠面积较小、布局较为灵活的小型公园，如社区公园、游园来弥补空间失衡，达到均匀布局的状态；在一定程度上能够解决高密度城市中公园系统破碎、可达性差、居民需求得不到满足等问题。其次，社区公园是最贴近居民日常生活的开放空间，其数量和质量与居民生活品质、体力活动机会密切相关，其社会意义远大于其美学价值。因此，与综合公园、专类公园等大型公园建设相比，重庆中心城区社区公园的公平建设问题更为迫切。

7.2 优化策略

针对上述问题，应采取相应的修正路径，引导重庆市中心城区公园布局趋向公平正义。本书认为主要可以从六个方面进行修正与优化：①基于公平差异识别的靶向修正；②基于需求与功能导向的公园规划指引；③以游憩服务为导向的设施与服务设置；④公园网络体系营建；⑤将社区作为规划与修正单元；⑥探索公平导向的社区公园规划设计导则。

7.2.1 基于公平差异识别的靶向修正

通过上文梳理，本研究认为公平导向的公园供给差异主要表现在数量、面积、可达性、质量四个方面，建议改变以往以"可达性"单一指标进行公园公园绩效评价的方法，而应分析不同社会经济属性人群在可达性、数量、面积、质量四个方面的公园供给差异。如评价结果发现某一弱势街道内大部分都是面积较小的公园、公园质量低，缺乏娱乐康体设施，那么面积和质量就是这个街道的公园公平建设需要改进的主要问题。通过厘清公园公平差异的具体表现，可以帮助规划者与政策制定者更精确地识别与补偿，根据特定类型的不公平采取更为精准的修正对策。

1. 不同区域的靶向修正

从本书研究成果可以看出：中心城区各行政区域的公园数量、质量、面积、可达性均表现出一定的差异，但总体可以总结为旧城与新城的差异性，旧城、新城公园公平性规划修正的重点不同（表7-1）。

以渝中区、沙坪坝区为代表的老旧城区，路网与步行道路发达，可达性好，但这些区域的公园普遍面积较小，质量差，使用功能弱，与较高的人口密度和使用需求相比较，公园数量面积和游憩使用功能明显不足，因此公园面积、质量亟待提升。

外围新城区域的规划修正重点在于可达性的提升。如渝北区、江北区由于用地较为

重庆市中心城区不同区域的城市公园靶向修正路径   表7-1

区域类型	包含的行政区	公园特征	修正路径
核心老旧城区	渝中区、沙坪坝区、南岸老城区范围	优点：路网与步行道路发达，可达性好 缺点：公园数量面积与游憩使用功能明显不足	增加大型公园的面积，提高小型公园的质量
北部新城区域	渝北区、江北区	优点：大型公园多，公园品质高 缺点：城市空间大尺度、内向型的特征削弱了公园步行可达性	增强公园之间的连通性，提升步行可达性
南部区域	巴南区、大渡口区、南岸新城区	优点：具有较充裕的用地和良好的自然基底 缺点：山体、水体对建设用地的切割严重，交通设施建设比较落后	利用好自然优势，以基础设施建设带动公园发展

平坦，受大山大水的地形阻隔较小，公园数量多，这些区域的居住用地分散，大面积的封闭小区和超级街区较多，虽有较多的公园，但由于区域内居住区大尺度、内向型特征，大多数居民步行到达公园仍需较长时间。

巴南区、大渡口区与渝北区类似，同样具有较充裕的用地和良好的自然基底，但山体、水体对建设用地的切割严重，公共交通设施建设比较滞后，造成公园可达性差；需要利用好自然优势，增加公园数量与面积。

2. 不同类型公园的靶向修正

1）日常型与假日型公园的差异性规划设计

根据游憩需求理论，不同城市区位、不同目的地、不同的参与时间及参与的活动类型，游憩行为与需求的形式表现各异。重庆市中心城区公园面积与空间分布的失衡，造成了城市居民在公园游憩需求上的分异较为显著。现状 21 处 50hm² 以上的城市公园，仅彩云湖公园、双山公园位于城市密集建成区范围内，其余 19 处公园均位于城市建成区外围，新城人口数量少、密度低，公园面积大而集中，而核心区人口集中、密度大，公园面积小而分散。由此形成中心城区绿地不足，

不能满足使用需求，外围城市公园富裕，利用率低下。

本书认为重庆中心城区城市公园大致可分为日常型公园与假日型公园两类（表7-2、图7-1），这两类公园的游憩行为与游憩需求存在差异，在使用特征上，假日型公园往往位于城市郊区，通勤距离较远，使用多集中在节假日，以公共交通、机动车为主要出行方式；居民日常使用的多是社区公园、以步行方式为主。在使用目的上，假日型公园往往更突出游憩观光、家庭朋友聚会，而日常型公园多以健身、散步等日常活动为主。因此，在公园规划布局与设施布置上应适当调整重点，如郊区大型公园可强调审美性、自然陶冶等景观设计，而核心区域的日常型公园则应强调实用性，增加游憩活动设施场地与运动健身设施场地。

2）社区公园、游园的修正路径——增量提质

高度破碎化的绿色空间基底决定了重庆等山地城市公园的形态与格局。重庆市中心城区公园面积的中位数为 3.85hm²，中小面积的公园较多，10hm² 以下的公园数量为 261 个，占总数的 77.91%。小公园如此大的数量基数，

基于游憩分异特征的重庆中心城区城市公园分类　　　　表7-2

基于游憩分异的分类	包含的公园类型	抵达方式	抵达所需时间（min）	游憩行为类型	游憩需求
日常型公园	社区公园、游园	步行	5~30	日常游憩 社会交往 体育锻炼	高密度使用者对提供集中型游憩设施和更多绿地的需求
假日型公园	综合公园、专类公园、近郊郊野公园、近郊风景名胜区	公共交通、自驾	30~60	家庭聚会 周末游憩 郊野运动	对近自然环境、低密度使用、更多游憩多样性的需求

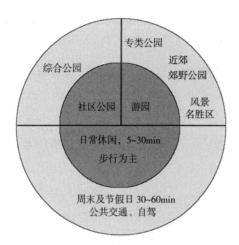

图 7-1 基于游憩分异特征的重庆中心城区
城市公园分类

决定了重庆作为高密度山地城市，其公园规划建设的重点工作应放在小公园上，城市公园建设应从追求"大公园"的"英雄主义"向"微空间"的亲民、利民的建设思路转变。

小公园规划重点在于应将居民使用需求作为规划设计的主要依据。与大型公园相比，面积小的公园吸引力差、设施缺乏且不适合运动，如何让小公园实现大效用，将空间的作用最大化是城市公园规划需要思考的问题。美国的佩雷公园是值得借鉴学习的案例，小小的公园空间浓缩了设计师在可达性、安全性、舒适性等多方面的人性化考虑。

3）综合公园和专类公园的修正路径——布局均衡

城市综合公园和专类公园往往拥有较高的自然、人文、历史、游憩禀赋。此外，这两类公园的管理建设通常由城建主管部门直接负责，被作为各行政区的形象工程来塑造，在资金支持、设施配置、维护管理等方面都比较周全。由此造成城市综合公园和专类公园的吸引力往往更高，正外部价值也较高，这种效应随之引起周边地段地价、房屋价格的攀升。因此，综合公园和专类公园的选址布局要做到空间均衡、区域均衡，使不同人群、不同区域具有相对平等使用高质量公园的权利。

3. 不同社会经济属性区域、人群的公园靶向修正

1）实施弱势人群、弱势区域的公园建设补偿工作

本研究发现重庆市中心城区社会剥夺越强的街道，其可达性和公园质量越处于劣势地位，拥有较少的运动场地、运动设施类型，公园进行体力活动的适宜性较差，维护管理较差。

一方面，应重视弱势地区城市公园的规划布局，充分利用城市边角料地块、闲置地、破碎用地等存量空间，最大限度开发潜能，增加公园的数量；另一方面，提升弱势区域公园质量，尤其应注重运动锻炼类设施的配置，提升公园的体力活动适宜性，增强弱势地区公园的维护管理强度，防止"破窗效应"。

2）根据不同社会经济属性对社区公园设施配置进行引导

现阶段城市公园等公共服务设施的空间布局仍是按照均等化、普适化的原则进行资源配置，与之相配套的是以行政等级为依据的财政和资源分配模式，由此产生单一供给与多元人群差异需求的矛盾；当资源供给与需求不相称时，也会产生一定程度的不公。

在公园设施与服务规划方面，本书构建了兼顾保基础和提品质的公园设施规划指引（表 7-3），其目的在于求同存异，将游憩与服务设施分为基础保障型和品质提升型两种类型。

社区公园游憩服务设施配置引导表　　　　　表7-3

设施构成	设施类型		设施品质类型	公园类型			
				A类	B类	C类	D类
游憩设施	运动锻炼类	足球场	品质提升型	□	□	□	×
		篮球场	品质提升型	□	□	□	□
		网球场	品质提升型	□	□	□	×
		羽毛球场	基础保障型	●	●	●	●
		乒乓球场	基础保障型	●	●	●	●
		跑道	品质提升型	□	□	□	×
		散步道	基础保障型	●	●	●	●
		户外健身器械	基础保障型	●	●	●	●
		多功能健身场地	基础保障型	●	●	●	●
	娱乐玩耍类	儿童游戏场	基础保障型	●	●	●	●
		活动草坪	基础保障型	●	□	□	×
		户外多功能娱乐场地	基础保障型	●	●	●	●
		室内活动空间	品质提升型	●	□	□	×
	教育看护类	（老年人/儿童）日托中心	品质提升型	□	□	□	×
		24小时自助实体图书室	品质提升型	●	□	□	□
	社交集会类	舞台（室内/室外）	基础保障型	●	●	□	×
		户外座椅	基础保障型	●	●	●	●
		亭廊	基础保障型	□	□	□	□
		野餐区	基础保障型	□	×	×	×
服务设施	管理设施	管理用房	基础保障型	●	□	□	×
	公共卫生设施	公厕	基础保障型	●	●	□	□
	小型商业服务	零售点	基础保障型	●	□	□	×
		体育器材租赁	品质提升型	●	□	□	×
	饮水设施	直饮机	基础保障型	●	●	●	□
	环卫设施	垃圾桶	基础保障型	●	●	●	●
	安全设施	医疗救护	基础保障型	●	●	×	×
		照明设施	基础保障型	●	●	●	●
	引导设施	入口标志	基础保障型	●	●	●	●
		景点、线路标志	基础保障型	●	●	□	×

注："●"为应设置，"□"为适宜配置，"×"为不适宜配置。

基础保障型是以政府为财政投入和管理主体，最大限度保证设施配置的均等化。品质提升型是为了迎合新时代趋势引导下居民所期待的新的服务需求类型以及更高品质的服务需求类型。品质提升型采取政府与市场合作的形式，依托市场力量对设施的财政投入、经营管理给予补给。市场力量引入前须进行方案选择论证、公开招投标流程，其运营管理方案、收费标准须经园林主管部门审查批准备案方可实施。

品质提升型设施的设置内容须对社区居民需求进行充分调研后确定，各社区公园可根据辖区内居民实际需求进行差异化配置，以满足不同人群类型的使用需求。如布局在城市中心的收入偏低、人口密度高的老旧住区周边的社区公园，应确保保障型设施的数量与质量；社区公园周边多为高收入人群时，可适当增加品质提升型设施类型。

7.2.2 基于需求与功能导向的公园规划指引

1. 公园的本质功能——服务于全体人民的公共福祉

近年来，重庆市中心城区公园建设增量与重点主要发生在城市新区，其目的很大程度在于将公园作为增长极推动新区空间拓展与经济提升、促进房地产发展；尤其园博园、中央公园等新建大型公园在促进北部新城发展上作用凸显，公园周边纷纷被别墅、洋房占据，成为富人集聚区域。

虽然这种现象已成为各个城市推动新区发展的普遍策略，但笔者认为这种经济导向

的公园建设模式不宜提倡，应结合周边居民人口数量、社会结构进行公园布局，而不是在新区先新建一个令人垂涎的公园，吸引人群去追逐这个优越的空间资源；在这种资源分配模式下，公园犹如一个明码标价的奢侈品，成为有钱有权人的消费品，其结果最终是社会弱势群体被抛弃，加速社会分层与阶级分化。这种利益最大化的规划价值导向，是公园公共性不断让位于城市发展经济价值的表现，公园建设的初衷完全背离了服务于全体人民公共福祉的最初目标；是对城市公园公共性的异化与消解，也是对新时期"以人民为中心"价值范式的背离。

综上，城市公园规划布局应始终坚守"以人民为中心"的原则，抵制来自资本和行政的过分需求，协调不同利益群体的诉求。

2. 基于需求与功能导向的公园规划指引

用地稀缺、高密度的背景下，重庆等山地城市应探索符合自身条件的公园发展路径，创新公园形式。国内多强调公园功能的复合性，多重利益诉求导致公园服务功能不明确。城市公园由于生态作用的重要性、山水文化的空间承载性，用地空间的局限性，游憩、生态、景观的价值矛盾更为突出，呈现保护与利用难以权衡的局面；尤其是重庆、贵阳等山地城市，城市中山水资源较多，保护与利用的矛盾更为冲突。

本书认为当城市公园的空间活动与景观、文化、生态等其他功能出现冲突时，既要避免绝对的生态保护对人群舒适性、安全性、使用需求的忽视，也要杜绝因开发利用而对山体生态的破坏，应在最大限度保护生态的前提下，满足人群的游憩活动功能，积极探

索山地城市公园的利用模式。

针对不同类型公园保护与开发的差异程度，本书构建了基于需求与功能导向的城市公园规划指引（表7-4），不同类型公园，应把握其主要职能（生态、生活、社会、文化）。如大型山体公园、森林公园的生态保护职能更为突出，规划策略应采取低影响开发，以自然欣赏为主，尽可能减少人工干扰，开展对生态系统干扰较小的科普游憩项目；而针对散布在城市中心的社区公园、游园主要功能是满足居民的日常游憩、健身需求，硬质场地面积比例可适当放大，增加游憩、健身设施场地的布置内容。

7.2.3 以游憩服务为导向的设施与服务设置

游憩需求是人的基本需求之一。公园数量的提升虽然能提升公园的均好性和可达性，但游憩功能在很大程度上决定了人们对公园使用与否、活动内容及使用频率。因此，如果盲目注重提升数量，忽视了游憩功能提升，会导致公园无人使用，形同虚设，并最终衰败。

提供易达的城市公园、符合居民使用需求的游憩设施应作为公园规划的目标。

目前重庆中心城区许多公园由于用地的局限性，大多只布置了基本的座椅、健身器材，公园存在游憩设施、健身设施、运动场地缺乏等问题。基于人群使用需求的公园质量提升是不容忽视的问题，将质量建设提升到与数量建设同等地位，才能有效地提升公园的游憩功能。

本书针对综合公园、社区公园、游园制定了城市公园游憩服务设施设置导向（表7-5），以期能引导城市公园更好地满足大众需求与时代发展趋势。

7.2.4 基于"山—水—园"融合的公园网络体系营建

重庆作为典型的山地城市具有地形复杂、生态敏感、建设用地紧张、高密度发展等特点。城市发展往往依托原始的地形地貌条件和自然山水格局，促成了丰富独特的山地城市景观。城市中青山纵隔、河湖纵横，山水风光秀美，城市与山水交融，形成与平原城市显

基于需求与功能导向的城市公园规划指引 表7-4

需求类型	公园类型	主导功能	次要功能	规划与利用方式
生态需求	大型山体公园、森林公园	生态保护	教育科普、感受自然	最大限度保护公园中的自然植被与生态系统，开展干扰较小的科普游憩项目
生活需求	社区公园、运动公园、游园	游憩健身	生态、应急避险	增加游憩活动场地面积，增加儿童、老年人游憩活动场地的覆盖面，根据场地规模、地形条件，配置不同等级标准的运动场地
社会需求	城市江河流域沿线的城市公园、综合公园	社会融合	健身游憩、城市地域特征展示	体现公园的开放性、包容性，实现城市优质景观资源的开放共享
文化需求	文化纪念型公园	文脉传承	教育科普、游憩	突出城市文化底蕴，强化历史印记和文化教育的感知体验设计

城市公园游憩服务设施设置导向　　　　　　　表7-5

设施构成		设施类型	公园类型（按公园规模分类引导，hm²）						
			综合公园	社区公园				游园	
			<10	≥5	3~5	1~3	≤1	≥5	<5
游憩设施	休闲游憩类	山顶观景台	□	□	□	□	×	□	□
		亭台廊架	●	●	□	□	□	●	□
		休息椅凳	●	●	●	●	●	●	●
		活动式自由桌椅租赁	●	●	□	□	□	×	×
		自由广场（庆典、集散、防灾）	●	●	□	□	□	□	□
		野餐区	●	□	×	×	×	×	×
		棋牌室	●	●	□	□	□	□	□
		表演舞台（室内/室外）	●	●	□	□	×	□	×
		亲水设施（划船、垂钓等）	□	□	×	×	×	□	□
	运动锻炼类	足球场	●	□	□	□	×	×	×
		篮球场	●	□	□	□	×	×	×
		网球场	●	□	□	□	×	×	×
		羽毛球场	●	●	●	●	●	□	□
		乒乓球场	●	●	●	●	●	□	□
		跑道	●	●	□	□	×	□	□
		散步道	●	●	●	●	●	□	□
		户外健身器械	●	●	●	●	●	□	□
		多功能健身场地	●	●	●	●	●	□	□
		体育器材租赁	●	□	□	□	×	□	□
	娱乐玩耍类	儿童游戏场	●	●	●	●	●	□	□
		活动草坪	□	●	□	□	×	□	□
		户外多功能娱乐场地	●	●	●	●	●	□	□
		室内活动空间	●	●	□	□	×	□	×
	科普教育类	自然体验中心（动植物培育、趣味园艺）	□	□	□	□	□	□	□
		农业园	□	□	□	□	□	□	□
		24小时自助实体图书室	●	●	□	□	□	□	□
服务设施	管理设施	管理用房	●	●	□	×	×	□	×
		游客中心、服务中心	●	□	×	×	×	□	×
		变电室、泵房	●	□	×	×	×	□	×
		停车场	●	□	×	×	×	□	×
		自行车停放处	●	□	□	□	□	□	□
		信息服务站（信息查询、手机充电）	●	●	□	□	□	●	□

续表

设施构成	设施类型	公园类型（按公园规模分类引导，hm²）						
		综合公园	社区公园				游园	
		<10	≥5	3~5	1~3	≤1	≥5	<5
服务设施	公共卫生设施 / 公厕	●	●	●	□	□	●	□
	特殊人群服务设施 / 孕婴休息室	●	●	●	□	□	●	□
	特殊人群服务设施 / 无障碍设施	●	●	□	□	□	●	□
	小型商业服务 / 零售点	□	×	×	×	×	□	×
	小型商业服务 / 茶吧、咖啡厅	□	×	×	×	×	□	×
	小型商业服务 / 餐厅	□	×	×	×	×	□	×
	饮水设施 / 直饮机	●	●	●	□	□	●	□
	环卫设施 / 垃圾站	□	□	□	□	□	□	□
	环卫设施 / 垃圾桶	●	●	●	●	●	●	●
	安全设施 / 应急避险设施	●	□	□	□	□	□	□
	安全设施 / 医疗救护	●	□	□	□	□	□	□
	安全设施 / 照明设施	●	●	●	●	●	●	●
	引导设施 / 广播设施	●	□	□	□	□	□	□
	引导设施 / 入口标志	●	●	●	●	●	●	●
	引导设施 / 景点、线路标志	●	●	●	●	●	●	●

注："●"为应设置，"□"为适宜配置，"×"为不适宜配置。

著差异的立体分层景观（图7-2）。但与此同时，复杂的地形也为重庆公园可达性、网络体系塑造带来一定难度。本书认为应该从以下几个方面构建山地特色的公园网络体系：

1. 山体、滨水空间的保护与修复

重庆城市中的公园建设往往依托自然山水本底，主城区中山地、丘陵面积占91%，平坝和台地面积仅占6.7%。现状市域山体约有242座，其中位于城市建设区域的山体约171座（图7-3），面积在20hm²以上的山体约74座，现状大部分坡度较缓、高平台类型的山体多被规划为居住、商业等经营性用地，剩余不适合建设的则被划作公园绿地。

"良好的生态环境是最公平的公共产品，是最普惠的民生福祉"[214]，山体、滨水空间等自然空间是城市公园的基本骨架。因此，首先应该加强山体、滨水空间的保护，从总规、

图7-2　重庆的立体分层景观

来源：http://cq.sina.com.cn/news/b/2016-05-21/detail-ifxsktkr5851298.shtml

控规、修建性规划不同层面将绿线划定与管控工作落实到位，保证居民对城市好山好水游憩权的公平享有。除了划定绿线外，还应对绿线周边区域的开发建设进行控制，防止周边区域开发破坏公园等绿地的景观、视线。如《厦门市绿地系统规划修编和绿线划定（2017-2020）》采用控规图则的形式对每个城市公园的开发控制予以明确，切实从法律层面保护公园绿地不再成为开发商眼中的"唐僧肉"。另外，保证绿地资源作为公共资源的公平共享，如武汉市蓝线划定中规定：开发商拿地范围内若涉及自然湖泊，必须要修环湖步道，且应与城市道路衔接，确保环湖步道对市民大众开放，保护市民对自然湖泊的休闲游憩权利，是城市公共空间公平正义理

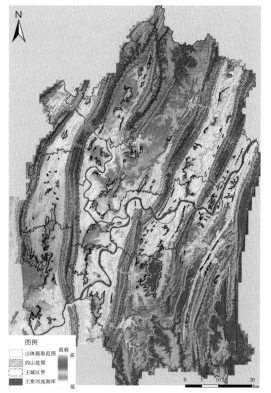

图7-3 重庆市都市区山体分布示意图
来源：《重庆市都市区美丽山水城市规划（2018—2035）》

念的有益践行。

2. 塑骨架、连毛细——构建山地特色公园连接系统

1）将山水作为公园骨架引入居民生活

重庆市作为典型的山地城市，山水资源十分丰富，如重庆的"两江四岸"，使得宏观层面的公园格局形成得天独厚的地域辨识度。然而，目前这些宏观层面的景观优势似乎是一个摆设，可远观，却难以亲近。一方面，大部分公园都依托自然山体建设，陡峭的地形为人们步行到达公园增加了难度；另一方面，山体多形成孤立在建成区外的"岛屿"，与居住区之间的联系较弱，增加了日常游憩的难度。

因此，重庆市中心城区应充分利用好山体、滨水空间等公园骨架的资源优势，挖掘城市内可利用的山体，根据山体的体量、坡度、地理位置、自然景观将其打造成不同类型的城市公园，增加各类公园数量。保护修复河流水系，提高滨水空间的可达性。

同为山地城市的贵阳，喀斯特地貌占全市国土面积的85%，2017年，贵阳在启动"一河百山千园"自然生态体系构建行动中，新增山体公园235个，山体公园总量达468个。"一城江水半城山"的武汉，市域内大小山体500余座，截至2017年，武汉已对建成区内54座破损山体完成修复工作，并着手将它们转变为服务于居民游憩的山体公园。

近年来，重庆对登山步道建设、"两江四岸"滨水空间品质提升工作十分重视，但仍是部门分离的"点上优化"工作，下一步需要考虑如何将步道、"两江四岸"工程、城市公园建设工作作为一个系统整体规划实施，

以服务于居民休闲健康游憩为目标，将文化、体育、公园等与居民休闲游憩生活密切的公共管理部门在设施布局、职能管理等方面进行整合，以此提高城市整体游憩服务水平，实现公共治理的协同提升。将这些空间通过轨道交通、小缆车等交通工具将山水空间与城市休闲节点串联起来，引入居民生活，强化居民与山水、城市公园的游憩互动，真正实现将良好生态环境作为一项普惠的民生福祉，让全体人民开放共享城市景观，产生归属感与获得感，由此形成"山—水—公园"相依相生（图7-4）的独特风貌。

2）将其他绿地、立体绿化融入公园游憩系统

重庆丰富的自然山水为公园发展提供了巨大的景观、生态、游憩潜力。城市建成区范围内一些保留完好的自然山体和水系多被建设成为城市公园，剩余许多零散分布的、尚未开发利用的山水空间，在城市绿地分类中被归为其他绿地，这些绿地往往毗邻开发建设用地，与城市建设用地相互交融，且大

部分现状自然植被生长较好，具有巨大的景观、生态与游憩潜力，但由于缺乏监管，这些绿地在城市化过程中逐渐被蚕食消亡。如果能够将这些也纳入城市公园系统范围内，作为连接各个公园的连接道，配置必要的步行连接系统以及扶梯、照明、休息等设施，同时进行必要的维护管理，能够在很大程度上增加山地城市公园的游憩空间与可达性。

三维立体是山地与平原城市空间属性的根本区别。山地城市中天然的竖向高差带来了绿色空间第三维度的空间特性。此外，城市建设在土地利用过程中形成诸多堡坎、挡土墙、台地等工程设施，由此造成了山地城市阶梯绿化、斜坡绿化等较为广泛的立体绿化形态，这些三维立体空间为山地城市绿化增加了潜在空间和独特魅力。山地城市公园系统应积极探索立体绿化的景观营造方式，彰显山地城市公园的在地性与特色。

3. 将山城步道作为公园连接道的重要组成

山地城市地形复杂、地面坡度较大，地形高低错落，步道、梯道往往成为联系上下台地的捷径，短距离范围内步行的便捷、灵活性胜过机动车；特殊的地理环境导致非机动车难以发挥优势，通勤呈现出步行、机动车的二元化特征。以重庆为例，在《重庆主城区2014年的居民机动化出行结构》调查中，公共交通占69.6%（地面公交49.9%，轨道交通10.98%），步行出行方式占46.3%，步行出行方式占比在全国城市中名列前茅。因此，步行系统的建设对山地城市居民日常出行意义重大。

山地城市步道具有环境契合性、空间立

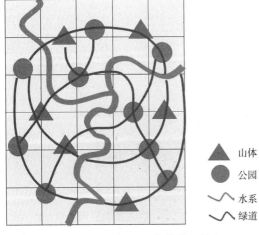

图7-4　"山—水—公园"格局示意图

▲ 山体
● 公园
〰 水系
〰 绿道

体性、景观丰富性、功能复合性、高度便捷性等特征，是山地城市重要的景观承载元素。山城步道的建设具有提升绿色出行、促进人际交往、延续城市文脉等多重生态、社会、经济、文化价值意义。因此，依托山地城市步道等步行系统建设构建公园连接道，是适于山地城市特色的城市公园体系网络构建的有效路径。

然而，目前山地城市步道系统建设广泛存在一些缺陷亟待解决，①系统不完善。步道与城市公共交通、公共空间缺少呼应，未形成网络系统。②特色不足。当前步道设计以满足基本的行走需求为主，缺乏山地城市特有的人文、自然景观的有机融合。③功能单一。步道形式比较无趣和乏味，多为点对点的一字形垂直步道，服务于点对点的通行，无法满足人群游憩、健身、审美等多方面的需求（图7-5）。④服务设施和维护不能保障。步道建设中服务设施考虑较为欠缺，大部分步道中的标识系统、垃圾桶、照明设施、健身设施、休息设施、安全防护措施等服务设施都处于缺失状态。⑤无障碍设施考虑较少。由于地形地势的大起大落，步道多为阶梯形式，给老年人、残疾人、儿童等特殊群体使用带来了限制；在防滑处理、安全设施方面也存在不足，缺少对特殊群体的关怀。

城市空间的通达性、连续性可以为人们的游憩、商业等各种活动提供更多的选择机会，增强城市社会、自然、人文各要素之间的交流与融合。面对高密度发展、复杂地形的建设背景，山地城市要形成公平、有活力的公共开放空间体系，就必须使公园等公共空间呈现开放性和网络化。山城步道作为山地城市文化、景观、生活的重要空间载体，是山地城市实现公共空间廊道系统网络化的有效途径。山地城市基于步道的公园连接道建设，可以从以下几个方面进行：

（1）提升步道连通性。通过步行道、林荫道、连廊、地下通道、天桥等方式创造多样化的线形联系空间，实现地面、地下的步行系统相互连接。将步行系统与城市中公共交通、公园、滨水空间、历史文化遗迹等具有吸引力的空间连接起来，形成全方位多维度网状连通系统，促进城市休闲游憩活动的连续性，实现城市游憩服务功能渗透与融合。

（2）提升步行舒适性与服务性。配置标识系统、地图牌、垃圾桶、照明装置、雨篷等配套设施和休息设施；增加升降梯、扶梯等垂直公共交通设施、无障碍设施以便于老年人、残疾人等特殊人群也公平地享有利用步道的权利。重庆夏季较长，气候炎热，夏秋雨季降水充沛，为减缓夏季烈日和雨季降

图7-5　重庆山城步道现状图

水引起的步行活动的不舒适性，可学习新加坡的风雨廊系统（Linkway），在步道上覆盖遮阳（雨）篷，连接居住小区与公交站、主要的公共空间、公司设施，使得步行出行可以获得周密的遮蔽保护。

（3）利用步行空间的立体化特征打造山地城市特色景观，为行人带来优美的视觉艺术享受。美国旧金山的九曲花街就是因蜿蜒立体的街道和两侧美丽的花景而闻名（图7-6）。

7.2.5　将社区作为规划与修正单元

社区是社会治理的基础单元，也是联系国家、社会、个人之间的纽带，其建设发展与城市良性运作及个体生活质量密切相关。社区不仅具有地理空间的属性，更是一种复杂的社会空间，具有社会属性；与区域历史文化、政治社会等因素紧密相连，蕴含了社区居民生活的利益和价值诉求，是推进、落实社会公平正义的基础细胞。

构建包容性、便捷化、高品质、可持续的社区服务体系，对提升人民的获得感和幸福感意义重大；社区公共服务公平正义涉及居民对社区内公共空间资源的占有、使用、管理以及与之相关的平等自由权利。本书认为应主要从以下两个方面助力公园公平导向规划在社区层面的实施落地。

1. 社区赋权

社区赋权是西方国家保障弱势群体公共权益的重要途径。具体而言，社区赋权指在公共服务供给决策中给予社区相应的资源和权利，激发居民的参与意识，增强居民参与治理的能力，其政策导向在于提升社区的自治能力，为社区共同治理创造良好的条件[215]。

罗伯特·达尔（Robert Dahl）在1967年曾经论及"中国盒子问题"（Chinese box problem），他指出社区层面的民主最容易实现，但是这一层面享有的权力机会最少，决策层面越往上，权力越大，民众的影响力逐渐减弱[216]。反观中国的社区建设工作，也存在着诸多的权力博弈和盲目性。家长制作风的公共服务设施配置与管理模式对区域、人

图7-6　美国旧金山九曲花街
来源：http://www.nipic.com/show/7603413.html

群的特殊性与利益需求的考虑较为欠缺，最为明显的一方面是社区公共供给与需求不匹配，城市中心社区的繁荣与边缘空间的衰落，以及贫困社区与富有社区之间基础设施、公共服务的差距；另一方面，社区空间同质化严重，在统一化、商业化、标准化的规划准则下原有的文化地域与人文生态遭受破坏，弱化了社区居民的集体记忆和归属感。

我国自20世纪90年代开始实施社区建设运动以来虽然取得了明显的成效，但仍面临诸多矛盾和问题：①社区治理体系不完善，独立性不强，仍是以自上而下的家长制治理模式为主导，居民自下而上的互动性、互助性较消极；②社区权力不足造成治理与管理能力不足；③缺乏参与平台，社区居民参与社区建设的积极性不高。

与西方国家通过政府分权和社会自治的"赋权增能"相比较，我国由于政治文化背景的差异性，需要探索中国语境下的"赋权增能"路径。在这样的语境下，需要政府对社区基层进行孵化和培育，明确公共权力和社区权责，为社区释放自治空间；放权的同时还要通过绩效评估、问责制原则等制度保障实现对权力的监督与管控，充分激活社区治理的内源力量；由此实现政府一元主导与社区多元协同共同发挥效益。

2. 社区参与式的公园规划

公园规划涉及政府、开发商、辖区单位、社会组织与社区居民等多元主体，是多元主体追求利益的一场博弈，故须实行参与式规划方法，多元主体共同参与，表达多种利益空间诉求，创新公园规划模式。城市公园的参与式规划是指政府、社会、居民三方主体以沟通规划、协商规划的方式，共同参与公园项目决策、公园规划方案实施、公园规划成果管理与监督的协作过程。

我国现行的公园规划大多仅涉及物质空间层面，很少关注民众的实际游憩需求与可持续发展，致使国内许多公园的游憩服务能力不能满足居民的使用需求。在贫困社区公园规划建设过程中，也出现了反复投资建设、反复恶化的问题。英美20世纪90年代贫困边缘社区物理空间改造的失败经验表明：贫困及边缘社区"破窗效应"往往较为普遍，如果没有办法实现符合社区实际需求的供给与可持续发展，基础设施类工程改造被破坏、闲置的速度是非常快的，最终形成"投资—破坏—再投资—再破坏"的恶性循环，这些边缘社区的各类问题会随着外部环境的破败而持续恶化。

（1）公园规划需要从空间使用者的需求出发，考虑居民游憩行为特征规律，重点关注老人、儿童、弱势群体等需求较高人群。动员群众、组织群众、对承载社区各群体公共利益的公园空间资源进行合理的分配与协调；以公园为媒介，构筑群众共同参与公共事务的平台，增强居民交流与社会建设参与性，培育居民自我可持续发展的能力。

（2）要重构公园规划的制度设计，完善公园规划方法。将自上而下的行政手段与自下而上的民主参与相结合，从源头上赋予公园共建共管、自治参与的氛围。

（3）重视公园规划的动态性和过程性，改变以往精英主导的模式，使规划师深入社区基层，与基层政府、社区组织、居民长期配合，应对公园建设发展过程中的问题。

7.2.6 探索公平导向的社区公园规划设计导则

1.社区公园的重要意义

小公园，大社会。城市公园尤其是社区公园建设工作，将随着城市发展和人民生活水平的提高而愈发迫切。社区公园建设不仅体现了城市的绿化建设水准与生态文明水平，更反映出城市对于居民幸福感的人文关怀，是提升居民生活质量的重要民生工程。

2016年印发的《城乡社区服务体系建设规划（2016—2020）》指出，未来需要加强社区公共服务均等化以及"城市社区15分钟服务圈"规划建设工作。社区公共服务设施体系的合理规划和公平布局成为各城市建设的重点内容。其中，社区公园是最贴近居民日常生活的开放空间，与居民生活品质和体力活动机会密切相关，其合理规划布局对提升民众幸福感具有重要意义。自2002年提出"社区公园"概念后，我国各城市社区公园建设工作都取得了显著成绩。2016年，深圳将社区公园建设列入重大民生工程；2018年，重庆市主城区计划利用边角地建设社区体育文化公园，为居民提供更多"家门口的健身游憩空间"。全国各地社区公园在数量、质量建设上逐步完善。

2.社区公园规划实践中存在的问题

1）未脱离常规公园的规划建设范式

与其他类型的城市公园相比较，社区公园具有以下特征：①面积小；②距居民区近；③使用频度高；④公益性；⑤管理难度大。目前国内关于社区公园的研究十分有限，对其普遍的认知为"面积小，就近使用"，而设计方法与理念却与其他公园并无区别，大多存在偏重景观设计、服务功能不足、质量参差不齐的问题，其理论研究有待深入。虽有个别城市对社区公园进行了实践探索的示范性工作，但过程中也呈现出诸多规划、设计和管理问题，改良与完善社区公园体系是当前城市品质提升的重要战略内容。

各类公园由于位置、面积、形态、质量、设施和使用群体均不同，这种异质性意味着采取统一的国家标准进行公园配置与管理是困难的，如何根据不同公园类型，分类制定规划管理思路，使之适应时代发展要求是值得深入研究的方向。

以重庆为例，2009年重庆市园林局印发了《重庆市社区公园建设管理办法》，导则中指出社区公园的管理按照绿地权属实行分工责任制，由园林局对全市的社区公园统一管理；对于社区公园的设计与建设的规定和要求较为模糊，大体上仍是沿用一般公园的设计要求。已有的社区公园管理规范过于简单，尚不能全面系统、科学合理地对社区公园建设管理工作进行指导控制，社区公园建设标准不一，管理模式与管养能力良莠不齐。由此，造成社区公园在质量公平方面的差异性。

国内已有个别城市开始探索公园的分类管理标准。贵阳启动"千园之城"计划后，2016年结合贵阳山川河流地域特色制定了一部地方公园建设和管理标准——《贵阳市公园建设和管理指南》。该指南将公园分为城市公园、森林公园、湿地公园、山体公园和社区公园五类，并针对性地明确了各类公园的建设与管理要求。

2）忽视不同社会经济社区的需求差异

长期以来，我国传统社区"以街为市"的分散式公共服务供给模式暴露出诸多弊端，如条块分割管理体制下的设施配置各自为政、缺乏统筹整合，设施布局重市区轻社区，社区级设施与人群需求存在偏差、滞后；由政府统一标准的供给模式难以应对日益多元化、复杂化的社会需求，需要调解多元主体的利益诉求和矛盾冲突等。在计划经济条件下形成的统一的社区公园规划指导模式已不适应城市发展的现状要求。

3）社区公园质量存在公平差异

国内社区公园建设与管理主体多元化，而建设规范与管理体制标准不明确、不统一；缺乏全面系统、科学合理的建设标准进行指导控制，建设模式也未脱离常规的公园建设范式，管理模式比较混乱。由此产生了国内社区公园普遍表现出来的游憩服务缺乏、活动场地不足、设施配备和服务管理滞后、建设管理水平参差不齐等一系列供需矛盾与空间正义失衡现象，通过制定规划指引导则可以科学引导社区公园精细化发展，满足新时期日渐凸显的空间正义需求和人群游憩需求。

3. 公平导向的城市社区公园规划导则与建设指引

通过对重庆市中心城区公园公平绩效评价，发现与综合公园、专类公园等大型公园相比，重庆中心城区社区公园的公平建设问题更为迫切。基于此，本书以重庆市中心城区社区公园为例，针对社区公园建设与管理中存在的空间非正义问题，制定公平导向的社区公园规划导则，为重庆等城市的社区公园建设提供指引与借鉴。

1）总则

（1）指导思想

社区公园作为重要的社区资源，是居民使用最为频繁的公共空间，是影响居民生活质量、健康状况的重要因素，其空间可获得性反映了城市公共资源分配的公平与公正。导则以"空间正义"和"公平共享"为指导思路，制定公平导向的社区公园规划指引导则，以科学引导社区公园精细化发展，满足新时期日渐凸显的公平正义需求和人群游憩需求。

（2）编制原则

a. 凸显日常服务功能与使用价值原则

将服务于居民日常游憩作为社区公园建设所遵循的基本价值观。社区公园规划、建设和管理各个环节都围绕居民游憩需求为导向，以方便民众生活、提高居民生活品质为目的。摒弃将公园设计视为单纯的物质环境的"美化"或"绿地指标化"，以解决实际功能价值为导向，通过空间策略满足人群需求。

b. 控制性与引导性相结合原则

控制性是一种刚性的设计要求，需要设计者严格遵守设计元素的区间范围制定空间的设计数值或样式；而引导性作为弹性指标，更加注重一种探讨启发性的设计建议，引导性指标体系旨在迎合新的生活趋势，适应不同年龄和收入的人口结构的差异化需求。控制性与引导性要求秉持兼顾统一的原则。

c. 对弱势群体需求的重点考虑

弱势群体由于个人资源和社会资源的双重剥夺，社区公园成为其进行体力活动的主要场所，与其他群体相比，弱势群体对社区公园等免费公共开放空间的需求度更高。导则在选址与设施布局时，均以优先考虑弱势群体的使用需求为准则。

（3）编制目标

明确基于公平导向的社区公园的规划和建设标准，指导社区公园规划和编制工作，提高社区公园的公平共享。

2）范围与术语

（1）范围

本导则适用于城市中的社区公园的规划设计及其文件编制、审查和审批。

（2）术语

a. 社区公园

参照《城市绿地分类标准》CJJ/T 85—2017，"社区公园"是指用地独立，具有基本的游憩和服务设施，主要为一定社区范围内居民就近开展日常休闲活动服务的绿地。值得注意的新版分类标准取消了旧版标准中该中类下设的"居住区公园"和"小区游园"两个小类，将这小类纳入"附属绿地"范畴，进一步明晰了社区公园的规划属性，即社区公园是指在城市总体规划和城市控制性详细规划中，用地性质属于城市建设用地中的"公园绿地"的地块，而不是属于其他类别用地如居住区、居住小区的附属绿地。

b. 多功能健身场地

开展广场舞、太极、健身操、瑜伽等多人参与的群众性健身体育活动的场地。

c. 户外多功能娱乐场地

开展棋牌活动、唱歌表演、追逐玩耍等多人参与的群众性娱乐休闲活动的户外场地。

d. 绿化覆盖率

绿化植物的垂直投影面积占用地面积的比值。

3）需求调查——分析预测居民的游憩需求

社区公园建设前期的选址、规划应进行前期调研分析。调研内容如下（表7-6）：

（1）对公园所在社区内的环境因素、使用人群数量、社会经济属性、使用需求、居民期待的活动方式等进行调研；分析公园所在社区的人口、经济、社会、自然特征，提出适宜的规划方案，公园建设内容应与社区经济水平、人口规模、环境条件、使用需求等相协调。

（2）已有公园情况：对已建公园所在街道、社区内的公园数量、规模、可达性、设施种类、服务水平、服务质量进行统计，分析已有公园的服务效益，找出公园服务的空

社区公园规划前期需求调研表　　　　　　表7-6

调研项目	具体内容
1. 社区发展背景分析	①区域背景；②社区历史；③人口特征；④成长和发展模式；⑤已有公共空间的数量、质量，设施服务水平；⑥责任主体及权属
2. 环境因素分析	①地质、土壤、地形；②景观特征；③环境资源（山水资源、风景资源、历史文化资源）
3. 绿地现状评估	①已有公园的数量、面积、质量、可达性分析；②识别公园缺乏区域
4. 需求分析	①资源保护需求；②社区人群游憩活动需求；③社区及街道管理主体需求
5. 可达性分析	①已有公园的步行（5min、15min）可达性分析；②规划公园的步行（5min、15min）可达性分析

白区域,以便指导新建公园的选址工作。对已有公园的设施进行总结评价,使得设施种类、质量符合居民需求。

(3)可达性研究:应基于真实路网基础进行可达性研究,确保新建公园具备适宜的服务半径和舒适可达的慢行系统。

4)空间选址——确保公园用地条件的公平性

(1)应避开地质灾害、洪水淹没区等危险区域,满足安全、防灾、减灾等功能需求。

(2)城市供电走廊以外的其他架空线和市政管线不应穿过公园,特殊情况时过境应符合《公园设计规范》(GB 51192—2016)中2.1.7条的有关规定。

(3)社区公园选址应结合前期调研结果,选址主要考虑对街道内缺乏公园的区域进行优化。

(4)社区公园选址与更新时,应优先考

虑老旧住区、低收入住区。

5)公园分类——分类引导公园因地制宜设置建设内容

(1)社区公园分类及服务半径要求

按照规模及服务范围将社区公园分为四类:A类(大型)社区公园、B类(中型)社区公园、C类(小型)社区公园、D类(袖珍型)社区公园。各类公园服务半径应符合相应标准,具体指标如表7-7所示。

(2)经济技术指标

社区公园建设主要经济技术指标应满足表7-8的要求。

(3)功能组成

社区公园的面积规模决定了功能设置的基本模式,功能设置及选择应符合表7-9的要求。

(4)建设内容

社区公园建设内容对建设维护和人群使

社区公园分类及主要用途 表7-7

社区公园类型	面积规模(hm²)	服务半径(m)	主要用途	备注
A类	≥ 5	1000~1500	倡导游憩设施的丰富性,以满足不同人群、不同强度的游憩健身活动	大型
B类	3-5	800~1000	以满足大众的、一般性的游憩活动场地为主,辅助为高强度的、专类运动提供活动空间	中型
C类	1-3	500~800	以儿童游乐场、老年人活动场地、小型运动场地为主	小型
D类	≤ 1	300~500	以儿童游乐场及老年人活动场地为主	袖珍型

社区公园建设主要技术经济指标 表7-8

用地类型	社区公园分类			
	A类	B类	C类	D类
绿化覆盖率(%)	≥ 60	≥ 50	≥ 45	≥ 40
配套建筑占地(%)	≤ 3%	≤ 3%	≤ 1%	≤ 1%
园路及铺装用地(%)	≤ 62	≤ 62	≤ 57	≤ 57

社区公园功能组成　　　　　　　　　　表7-9

社区公园类型	康体活动	儿童游戏	游览休憩	园务管理区	文化宣传
A类（大型）	●	●	●	●	●
B类（中型）	●	●	●	□	●
C类（小型）	●	●	□	×	□
D类（袖珍型）	●	●	□	×	×

注："●"为应设置，"□"为适宜配置，"×"为不适宜配置。

用都具有重要的影响。将社区公园建设内容分为应建内容、宜建内容和不适宜建设内容，具体建设内容指引如表7-10所示。

6）设施配置——"保基础"和"提品质"兼顾的游憩服务设施配置引导

（1）社区公园设施配置要求

a. 社区公园地形处理与利用应遵循化零为整，避免大面积平地与缓坡空间的破碎化设计，尽可能增加大面积的、连续的场地用于布置游憩设施与运动场地。

b. 设施布局倡导"两个优先"原则，优先保障弱势群体设施使用需求。①用地条件优先。在场地为山体、坡地的情况下，应优先将平地、缓坡等条件较好的用地用于老幼人群服务设施与活动项目。②老幼人群设施优先。在场地容纳设施类型有限的情况下，优先布局老幼人群的服务设施。

c. 构建兼顾"保基础"和"提品质"的

设施指标。求同存异，将游憩与服务设施分为基础保障型和品质提升型两种类型。基础保障型是以政府为财政投入和管理主体，最大限度保证设施配置的均等化。品质提升型是为了迎合新时代趋势引导下居民所期待的新的服务需求类型以及更高品质的服务需求类型；品质提升型采取政府与市场合作的形式，依托市场力量对设施的财政投入、经营管理给予补给。其运营管理方案、收费标准须经园林主管部门审查批准备案方可实施。

d. 各社区公园可根据周围居民实际需求差异化选择品质提升型设施，以满足不同人群类型的使用需求，如城市中心收入偏低、人口密度高的老旧住区周边的社区公园，应确保保障型设施的数量与质量；当社区公园周边多为高收入人群时，可适当增加品质提升型设施类型。

各类型社区公园设施配置可参照表7-11。

社区公园建设内容　　　　　　　　　　表7-10

社区公园类型	活动场地	园路铺装	植物配置	景观水体	建筑小品	配套设施
A类（大型）	●	●	●	□	●	●
B类（中型）	●	●	●	□	□	●
C类（小型）	●	●	□	×	×	●
D类（袖珍型）	●	●	□	×	×	●

注："●"为应建内容，"□"为宜建内容，"×"为不适宜建设内容。

社区公园游憩服务设施配置引导表　　　　　表7-11

设施构成	设施类型		设施品质类型	公园类型			
				A类	B类	C类	D类
游憩设施	运动锻炼类	足球场	品质提升型	□	□	□	×
		篮球场	品质提升型	□	□	□	□
		网球场	品质提升型	□	□	□	×
		羽毛球场	基础保障型	●	●	●	●
		乒乓球场	基础保障型	●	●	●	●
		跑道	品质提升型	□	□	□	×
		散步道	基础保障型	●	●	●	●
		户外健身器械	基础保障型	●	●	●	●
		多功能健身场地	基础保障型	●	●	●	●
	娱乐玩耍类	儿童游戏场	基础保障型	●	●	●	●
		活动草坪	基础保障型	●	□	□	×
		户外多功能娱乐场地	基础保障型	●	●	●	●
		室内活动空间	品质提升型	●	□	□	×
	教育看护类	（老人/儿童）日托中心	品质提升型	□	□	□	×
		24小时自助实体图书室	品质提升型	●	□	□	□
	社交集会类	舞台（室内/室外）	基础保障型	●	□	□	×
		户外座椅	基础保障型	●	●	●	●
		亭廊	基础保障型	□	□	□	□
		野餐区	基础保障型	□	×	×	×
服务设施	管理设施	管理用房	基础保障型	●	□	□	×
	公共卫生设施	公厕	基础保障型	●	●	□	□
	小型商业服务	零售点	基础保障型	●	□	□	×
		体育器材租赁	品质提升型	●	□	□	×
	饮水设施	直饮机	基础保障型	●	□	□	□
	环卫设施	垃圾桶	基础保障型	●	●	●	●
	安全设施	医疗救护	基础保障型	●	●	×	×
		照明设施	基础保障型	●	●	●	●
	引导设施	入口标志	基础保障型	●	●	●	●
		景点、线路标志	基础保障型	●	●	□	×

注："●"为应设置，"□"为适宜配置，"×"为不适宜配置。

e. A、B、C、D各规模等级的公园必须设置服务老年人的健身设施和服务儿童的游憩设施及户外座椅、垃圾桶、照明设施、入口标志等服务设施。

A类社区公园，面积较大，应根据公园地形、植被、人文景观等现状条件，设置较为丰富多样的儿童游憩设施、康体设施、运动场地。

B类、C类社区公园，应根据场地条件和居民使用情况，设置多功能复合的儿童游憩设施、运动场地，如羽毛球场、环形步道、乒乓球台。

f. 各社区公园可根据自身实际状况与需求，结合市场力量、民间力量组织服务项目活动，如自然学习、园艺种植、戏剧/表演、武术/音乐等活动。若需结合市场力量需在园林主管部门进行资格审查、运营方案报备、价格意见征求，经批准方可进行。

（2）重点设施布局引导

a. 座位。恰当的坐凳安排可以促进人群交往，布局形式方面，以下三种布局方式较受欢迎，分别为：角落与转脚位的"凹"形布局、活动场所边布局（如靠近道路边、游憩设施边的）和沿种植池边缘布局。坐凳设计应满足人体舒适需求。

b. 球类场地、场道类场地周边应设置隔离绿化，减少噪声和灯光照明对周边居民工作生活的不良影响。

c. 停车场。A类社区公园应设置停车场，B类公园按需设置停车场，C类和D类公园不宜设置停车场。

7）可达性——营造可见可达的使用空间

（1）设置明确的公园入口与标识系统，强化入口景观视线通透性，凸显场地的公共性。

（2）应采用"树林+灌丛+草地"的形式进行植物配置，人群活动场地应保证阳光充足，绿化覆盖率不宜过大，常绿乔木和落叶乔木比例应控制在6：4~7：3之间，以保证冬季空间的通透性与夏季的遮阴效果；休闲场地宜选择高大浓荫的乔木以营造庇荫空间。

（3）若为山体公园，应在保留原有植被的基础上，对林相较为稠密、阻挡周围人流密集区视线的区域进行适当的疏解、修枝，保证山体公园中主要活动区域能够与周围道路、居住区、广场等人流密集区有较好的视线通透性。

（4）尽量减少围墙、灌丛和地形变化对公园与周围环境的分隔，创造通畅的视线通廊和交通系统。

（5）应保障主要活动空间与园路以及活动空间节点之间的步行连通性、舒适性、安全性，构建宜人的步行通道；各园路路口、活动节点应设置标志牌与路线导航服务；公园地图和标志牌须标出道路步行难度，注明道路类型（如梯道、缓坡、平路），供使用者自行选择满意的步行线路与停留空间。

8）包容性——满足特殊群体的使用需求

（1）特殊群体活动空间设计要求

老年人、残疾人、儿童是社区公园的主要使用人群，社区公园规划设计中需要考虑特殊群体活动区域设计的无障碍与友好性。

a. 社区公园内应设置遮蔽（遮阴避雨）设施，在主园路和主要人流节点设置直饮水、公厕等设施。

b. 健身设施旁应对设施名称、适用人群、使用方法、注意事项进行说明。

c. 儿童活动场地应位于视线开阔的位置，周围布置树荫和座位，便于成人的看护管理。场地应远离街道和河道，保障进出场地的安全性，若位于街道和河道边须采用围合方式进行隔离。儿童游憩活动区内应保障地形平坦、道路平整；设施选择应不选用危险性大、刺激性强的器械，保证活动场地周边的构筑物与器械设备坚固耐用；不得选用有毒、有刺或易引起过敏反应的植物。

d. 规模较大的社区公园应考虑残障居民的运动游憩需求，根据相关设计规范，合理布局相关运动休闲场地。

（2）特殊群体无障碍设施相关要求

a. 道路设计。若有足够的平地坡度较缓区域，应设置连续环形步道，道路坡度不应超过 5%；园路坡度大于 8% 时，宜每隔 10~20m 在路旁设置休息平台。

b. 无障碍设计。公园出入口、主园路和所有的园林建筑等应进行无障碍设计，主路应成环形，将整个公园道路系统串联起来，并与城市道路无障碍设施连接。公园内应设计无障碍游览线路，串联公园主要活动场地，并尽可能形成环路。缘石坡道、盲道、轮椅坡道、栏杆扶手等无障碍设施设计应符合《无障碍设计规范》GB 50763—2012 的规定，具

备条件的大型社区公园可设置无障碍电梯或升降平台。

9）安全性——构建安全的使用环境

（1）社区公园各出入口必须设置衔接主要出入口与道路的通道，与机动车道相衔接的活动、步行场地应设置阻隔。

（2）各种游人集中场所、梯道、水边等容易发生跌落、淹溺等人身事故的地段，应设置安全防护性护栏，护栏设施必须坚固耐久且采用不易攀登的构造。

（3）公园规划范围内城市供电走廊用地只能规划为绿地，不得规划设置游憩设施和铺装场地。

（4）照明设施。为保证公园夜间使用行为的安全性，社区公园应设置照明设施。场地照明应符合现行行业标准《城市夜景照明设计规范》JGJ/T 163—2008 中的照度规定。

（5）运动场地、器材应符合国家相关标准要求，场地之间应预留足够的缓冲区与隔离带；当对某些特定或限定人群（如老人、幼儿、病人、残疾人）等不适用时，应设置安全警示。

（6）通过设置职能防火系统、警示牌等多种形式，提高公园内人群防火意识。

（7）园内所有安全警示标识与文字、图案均应醒目清晰，易于识别，坚固耐久。

第 8 章
结论与展望

城市公园承载了社会价值与城市文明，它的可获得性在一定程度上反映了城市公共资源分配的公平正义。公平关注的焦点是利益的分配以及对这种分配的评价。在高密度发展背景下，面对较少的公园资源与较高的生态人文需求，国内城市公园供给是否使不同区域、不同社会群体均受惠其中，如何对公园供给公平性进行客观、系统评价，关于这方面的研究与解答还有待完善。在社会公平公正的发展诉求下，我国城市公园亟须建立一套行之有效的公平绩效评价方法。

本书试图通过对空间正义思想的借鉴，探索构建城市公园的公平绩效评价方法，旨在弥补当前城市公园在落实社会公平、满足不同人群需求方面的不足，丰富和完善了城市公园公平绩效评价理论与方法，也回应了当前存量规划主导下的城市公园社会公平、"以人民为中心"的价值导向。

8.1 研究结论

本书以问题为导向，按照"基础研究—理论导入—方法构建—方法应用与检验—优化路径"的逻辑组织全文。本书的研究结论主要包括以下方面：

1. 城市公园公平绩效评价理论框架与方法构建

在社会公平公正的发展诉求下，我国城市公园亟须建立一套行之有效的公平绩效评价方法。本书认为空间正义思想的主体理论——"社会空间辩证统一""差异的正义""以人民为中心"，与现阶段我国追求社会公平、注重社会与空间治理的有机统一、

把人民对美好生活向往作为奋斗目标等重大决策相吻合；能够为城市公园公平绩效评价提供理论支撑，为城市公园公平正义从理论层面的话语生成走向实践层面的操作提供指导。

1）公园公平绩效评价理论框架构建

借鉴空间正义思想和城市规划评估理论，演绎出城市公园公平绩效的理论框架，对城市公园公平的内涵、分类、不公平的差异表现，城市公园公平绩效的概念、评价目的、意义进行了界定与介绍，阐述了公园公平绩效评价的组成要素。明晰了公园公平绩效评价的价值体系，具体包括评价的价值标准、评价原则、评价要点。

2）公园公平绩效评价指标构建

目前公园公平绩效评价研究多集中在西方国家，适用于我国的评价方法、指标有待探索。因此，本书从国内外研究梳理、与公园相关的社会问题认知、资料可获得性评判等多个方面综合考虑，构建了适用于国内公园公平绩效评价指标，包括差异表现指标和影响因素指标两个方面。

（1）国内公园公平差异多采用可达性单一指标进行评估，本书提出应扩展为可达性、数量、面积、质量四个维度。此外，已有评价中对公园质量公平的考虑较为欠缺，公园质量测度方法缺失。本书借鉴国外公园质量测度方法与工具，根据国内城市公园设施与服务特点，构建了两种适用于国内公园质量测度的方法；分别在公平绩效评价方法一、方法二的实证中进行了应用检验，结果表明，两种方法对于公园质量的定量化测度均具有较好的适用性。

（2）影响因素指标方面，西方国家具有多种族和多元移民的发展背景，空间隔离、社会融合、贫民窟等问题是西方国家多年来面临的社会难题。因此，西方城市公园公平绩效评价研究中，非常注重社会因素如社会经济地位、种族、阶层等对公园公平性的影响。与西方国家存在差异，我国公园不公平主要由收入、教育、城镇化等方面不公平引起，随着中国城市政务数据的逐步开放和共享，未来国内城市公园在这些差异方面的公平研究亟待加强。根据我国国情与数据的可获得性，本书构建了公园公平影响因素的表征指标，主要包括社会结构、收入、教育、职业、住房五个方面。

3）公园公平绩效评价方法构建

通过对公园公平绩效评价的价值标准、评价原则、评价要点的梳理和对空间正义理论的借鉴，构建了城市公园公平绩效评价方法，包括三方面内容：①"社会—空间"辩证的公园公平绩效评价方法，对应社会与空间相融合、社会公平评价、空间公平评价融合的评价原则与评价要点；②公园服务弱势区域、弱势人群识别与评价方法，对应重视"差异的正义"的评价原则与评价要点；③基于主体行为活动的城市公园供需评价方法，对应以人民为中心和将需求公平评价纳入评价范畴的评价原则与评价要点。

这三种方法与公园公平绩效评价的评价原则、评价要点相对应，三种评价方法互为补充，从不同侧面反映城市公园不同角度的公平问题。"社会—空间"辩证的方法是公园公平绩效评价方法的基础方法，"差异的正义"评价方法、需求公平的评价方法是基础方法

下的有效补充。其中，"差异的正义"评价方法是保障，以弱势群体的公园服务需求为底线，分析不同经济群体公园享有的公平性；需求公平的评价方法是核心，强调公平评价的重点不仅是空间公平，更应关注人群在公园使用上的公平。

2. 公园公平绩效评价方法实证结果

本书第4章、第5章、第6章三个章节为三种方法的实证检验，根据评价结果，发现重庆市中心城区城市公园公平性存在的问题，主要表现为以下几个方面：

1）公园供给存在空间公平、社会公平差异

通过"社会—空间"辩证的公园公平绩效评价方法和公园数量、面积、人均面积、可达性等量化对比，发现重庆市中心城区公园供给存在明显的空间不公平现象，主要表现为：城市新区公园资源条件好于旧区，旧区好于边缘区。

对30min最大可接受时间和15min生活圈两个时间阈值、步行与公交两种交通方式下，中心城区4663个不同价格级别居住小区公园供给的公平性进行差异分析，研究发现重庆市中心城区公园公平格局与社会属性存在较为明显的关联性：

（1）重庆市中心城区大型公园与住宅价格、高档居住小区布局均呈现出较为显著的非均衡、北部极化的现象。

（2）30min阈值下，各级别居住小区的公园供给未呈现出显著的不公平格局，未表现出高级别居住小区在公园享有方面占有绝对优势。

（3）15min生活圈阈值下，低级别居住

区的公园享有表现出不公平现象。15min阈值下，低级别居住小区邻近的公园多是一些面积较小的社区公园、游园，且质量等级偏低。低级别居住小区15min生活圈的公园供给公平问题值得重视，应该以社区公园为切入点，优化设施配置、提升健身游憩功能，切实为低收入群体生活带来福祉。

2）弱势区域、弱势人群的公园服务有待倾斜

通过剥夺指数和基尼系数实现对公园弱势区域与弱势人群的识别，采用SPSS数理统计对公园供给差异进行比较，结果表明：

（1）弱势街道在可达性、公园质量方面较差，即社会剥夺程度越强的街道，其可达性和公园质量越处于劣势地位。

（2）剥夺程度严重的弱势街道内的公园与剥夺程度较弱街道内的公园相比，拥有较少的运动场地、运动设施类型，公园进行体力活动的适宜性较差，维护管理较差。各类街道内公园的儿童游憩设施均较少。

（3）社会剥夺指数与公园可达性、数量负相关，剥夺指数越高，可达性越低、公园数量越少。剥夺指数对人均公园面积、公园质量未产生负面影响。从剥夺指数对公园供给公平格局的影响结果来看，社会因素对重庆市中心城区公园的可达性、数量的公平性具有影响作用，而对于人均公园面积和质量的公平差异没有产生负面影响。未来可进一步探讨是否是自然、城市规划决策、政治经济等因素作用，产生了人均公园面积、公园质量的公平差异。

（4）基于基尼系数的失公群体识别结果表明：与常住人口相比，弱势群体在公园面

积、可达性方面处于劣势。各群体间的基尼系数差异不大，但各群体的城市公园服务水平（可达性、公园总面积）基尼系数均高于0.6，呈现出公园资源分配高度不平均的状况；表明与群体间的公平问题相比，重庆市中心城区整体的公园均衡与公平问题更需受到重视。

3）公园资源配置与人群活动分布、使用需求失配

基于主体行为活动的公园供需评价实证检验发现，重庆市中心城区公园布局与人群活动分布存在空间失配现象，人群活动分布高的区域公园较少，基于公园服务压力评价和需求水平识别，本书提出了中心城区公园布局优化的方案。采用实地调研、访谈解读了中心城区公园的供给特征与需求特征，认为公园供给与人群使用需求存在失配现象，现有的公园设施未能迎合时代发展与人群使用需求，与居民生活最为贴近的社区公园公平问题较明显。

3. 公园优化策略

基于以上公平绩效评价结果，本书认为重庆市中心城区公园公平性建设存在的主要问题可以总结为以下几点：①存在明显的空间公平差异；②社会公平差异已现端倪；③弱势区域、弱势人群的公园服务有待倾斜；④人群需求与公园供给失配；⑤公园公平性受地域因素影响；⑥社区公园是公平性建设的重点内容。

本书认为重庆中心城区城市公园需探索山地地域发展路径、重视社区公园建设，从六个方面进行修正与优化：①基于公平差异识别的靶向修正；②基于需求与功能导向的公园规划指引；③以游憩服务为导向的设施

与服务设置；④公园网络体系营建；⑤将社区作为规划与修正单元；⑥探索公平导向的社区公园规划设计导则。

8.2 研究创新点

1.构建了城市公园的公平绩效评价方法

空间正义思想已成为我国学者关注的热点理论。但目前国内对城市空间正义问题的研究仍处在"重批轻立"的困境中，空间正义对中国城市现实空间问题的启示与实践意义还有待进一步深化。本书基于空间正义思想的"批判性构建"特征以及"社会空间辩证""差异性正义""以人民为中心"等主体理论，构建了城市公园公平绩效评价方法，是对以价值属性为基础的城市公园评价方法的有益探索。

伴随着高度城市化，城市公共服务设施规划建设逐渐进入稳定发展期，公共服务设施分布的社会绩效评价已成为城市规划领域中社会公平正义的重要研究议题。本研究建立的城市公园公平绩效评价的理论基础、价值体系与评价方法，能够为城市公共服务设施的公平绩效评价提供借鉴。

2.尝试构建适用于我国城市公园公平绩效的评价指标

中西方国家国情不同，现有的城市公园公平绩效研究成果多集中在西方国家，构建适用于我国城市公园公平绩效评价指标具有重要意义。

本书在对相关研究进行梳理时，发现目前国内公园公平绩效评价大多是对可达性单一指标进行评估，甚至将可达性与公平性视

作同一概念。本书提出城市公园公平绩效评价的因变量指标应扩展为可达性、数量、面积、质量四个维度。

对比不同国家的国情，收入和种族是西方国家社会分异的主要因素，与西方国家相比，我国人口种族单一，但在收入、教育和城镇化水平等方面存在较大差异，老年人与青少年两个特殊群体问题也是我国社会公平考虑的重点问题。针对我国国情与资料的可获取性，总结了在研究中需要考虑到的几类社会经济属性要素对人群公园公平享有的影响，主要包括社会结构、收入、教育、职业、住房五个方面，构建了公园公平的影响因素指标。

3.构建了城市公园质量测度方法

国内对于公园质量公平的考虑欠缺，大部分已有的城市公园公平绩效评价中均未将公园质量纳入评价体系，究其原因是国内城市公园质量的测度方法还少有介绍。本书借鉴国外学者所创建的开放空间审计工具（Public Open Space Tool，POST）和社区公园审核工具（Community Park Audit Tool，CPAT），针对公园设施内容与特点，构建了两种适用于我国城市公园质量测度的方法，分别为专家打分法和计数统计打分法，并对两种方法进行了详细介绍和实证应用，旨在为我国城市公园质量测度方法的完善提供借鉴。

8.3 研究的不足之处与展望

城市公园公平绩效评价属于规划的外在效度评价，因牵涉价值结构和伦理问题，相

较于生态绩效、经济绩效等内在效度评价而言更复杂、更具挑战性。本书抛砖引玉，希望对未来以"公平公正"为主题的规划价值评价研究与实践有所借鉴。本书存在一些不足之处以及未来可继续深入研究的内容，主要为以下几点：

（1）数据拓展方面：缺乏对公园公平绩效的历时性分析。由于人群社会经济属性时间序列数据获取的局限性，本书未进行城市公园绩效的历时性分析。在未来的研究中，可依托大数据资源，分析评价同一城市不同时段的公园公平绩效状况，有助于更清晰地对比政策、规划对于公园公平的影响与作用。

（2）评价视角方面：本书关注的是结果公平的绩效评价，构建的公平绩效评价方法隶属于结果公平的技术评价方法，未涉及方案评价与过程评价。未来研究中，可借鉴西方规划评估研究中的动态检测评估方法，将公平绩效评价扩展到方案、过程、效果的全过程评价。

（3）评价尺度方面：缺乏贯穿性。在研究过程中本书尽力搜集重庆市中心城区范围内能够用于公平绩效评价的量化数据，由于同一研究尺度数据获取的局限性，分别采取了街道、居住小区、$1000 \times 1000m$ 网格三个尺度的数据，分别对应三种方法来对公园的公平绩效进行评价。这种尺度的跨度虽有助于了解不同尺度下公园的公平问题，但缺乏

系统性，在以后的研究中，随着数据平台和政务资料的更为开放完善，研究数据的不断丰富，可将三种方法贯穿于同一尺度来进行实证检验。

（4）学科拓展方面：公平正义涉及社会学、政治经济学、哲学、心理学、管理学等多个学科，未来研究需要进一步扩展城市公园公平绩效评价的研究内容，更加深入地从政治经济学、社会学视角分析城市公园不公平产生的机制与影响因素，探索政策、规划实施对城市公园公平性的作用。

正义城市的构建是一个动态的过程，如列斐伏尔所言："它不是一个起点，也将不会是一个终点，它是一个中间物，即一种手段或者工具。"城市公园的公平性建设也是一个不断优化、不断趋向正义的过程。城市公园的公平正义建设是通过各种空间政策、规划方法来实现的，其调整和优化需要考虑不同阶层的使用诉求，促进公园资源配置的精细化、多样化、智能化。目前城市公园规划布局仍受经济至上、实用主义思路的限制，同时又受制于各项规范、管理措施；地域的创新实践、管理办法的探索还比较缺乏，难以对城市公园整体规划建设路径进行有效引导。因此，实现趋近正义的城市公园规划这一目标，科学务实的建设模式、灵活开放的管理体制和勇于创新的探索实践是根本的应对之道。

参考文献

[1] 李强 . 当代中国正义理论的建构：社会分层与社会空间领域的公平、公正 [J]. 中国人民大学学报，
     2012（1）：2–9.

[2] 罗尔斯 . 正义论 [M]. 何怀宏，何包钢，廖申白，译 . 北京：中国社会科学出版社，2009.

[3] 张敏 . 全球城市公共服务设施的公平供给和规划配置方法研究：以纽约、伦敦、东京为例 [J]. 国际
     城市规划，2017（6）：69–76.

[4] 习近平 . 决胜全面建成小康社会夺取新时代中国特色社会主义伟大胜利：在中国共产党第十九次全
     国代表大会上的报告 [EB/OL].（2019–3–16）. http://www.xinhuanet.com/2017–10/27/c_1121867529.
     htm.

[5] 哈维 . 后现代的状况 [M]. 阎嘉 译 . 北京：商务印书馆，2003.

[6] 陆小成 . 新型城镇化的空间生产与治理机制：基于空间正义的视角 [J]. 城市发展研究，2016，23（9）：
     94–100.

[7] 张京祥，胡毅 . 基于社会空间正义的转型期中国城市更新批判 [J]. 规划师，2012，28（12）：5–9.

[8] 王兴平 . 面向社会发展的城乡规划：规划转型的方向 [J]. 城市规划，2015，33（1）：16–21.

[9] 袁也 . 城市规划评价的类型与基本范畴：文献评述及相关思考 [J]. 城市规划学刊，2016（6）：38–44.

[10] 汪光焘 . 依法推进城乡可持续发展：写在《城乡规划法》颁布实施一周年 [J]. 城市规划学刊，
     2009（1）：4–8.

[11] 陈锋 . 转型时期的城市规划与城市规划的转型 [J]. 城市规划，2004，28（8）：9–19.

[12] 张庭伟 . 技术评价，实效评价，价值评价：关于城市规划成果的评价 [J]. 国际城市规划，2009，
     24（6）：1–2.

[13] 成实，牛宇琛，王鲁帅 . 城市公园缓解热岛效应研究：以深圳为例 [J]. 中国园林，2019，35（10）：
     40–45.

[14] 谭少华，李进 . 城市公共绿地的压力释放与精力恢复功能 [J]. 中国园林，2009，25（6）：79–82.

[15] 丁云，孙天罡 . 信息时代下社区公园交往空间的探索：公益性社区公园会所模块的构建 [J]. 中国园
     林，2018，34（S2）：110–113.

[16] RUTT R L，GULSRUD N M. Green justice in the city：a new agenda for urban green space research in
     Europe[J]. Urban Forestry & Urban Greening，2016，19：123–127.

[17] 国家林业和草原局. 全国森林城市发展规划（2018—2025 年）[R]. 2018.

[18] 叶林, 邢忠, 颜文涛, 等. 趋近正义的城市绿色空间规划途径探讨 [J]. 城市规划学刊, 2018（3）: 57–64.

[19] 李晓江, 吴承照, 王红扬, 等. 公园城市, 城市建设的新模式 [J]. 城市规划, 2019, 43（3）: 50–58.

[20] 戴菲, 王运达, 陈明, 等. "公园城市" 视野下的滨水绿色空间规划保护研究: 以武汉长江百里江滩为例 [J]. 上海城市规划, 2019（1）: 19–26.

[21] TALEN E. Visualizing fairness equity maps for planners[J]. Journal of the American planning Association, 1998, 64（1）: 22–38.

[22] KOSTOF S. The city assembled: the elements of urban form through history[M]. London: Thames and Hudson, 1992: 169.

[23] 孟刚, 李岚, 李瑞冬, 等. 城市公园设计 [M]. 上海: 同济大学出版社, 2003: 4–5.

[24] 切沃. 城市公园 [M]. 龚恺, 曲捷, 王巍, 等译. 南京: 江苏科学技术出版社, 2002: 1–5.

[25] 黄晓鸾. 中国造园学的倡导者和奠基人: 陈植先生 [J]. 中国园林, 2008, 24（12）: 51–55.

[26] 孟刚, 李岚, 李瑞冬, 等. 城市公园设计 [M]. 上海: 同济大学出版社, 2003.

[27] 张梦佳, 王开, 刘建军. 体力活动需求导向的美国城市公园分类体系解析与启示 [J]. 规划师, 2018, 34（4）: 148–154.

[28] 余淑莲, 王芳. 深圳市公园分类研究及实践 [J]. 中国园林, 2014（6）: 117–119.

[29] 洋龙. 平等与公平、正义、公正之比较 [J]. 文史哲, 2004（4）: 145–151.

[30] 刘琼莲. 论基本公共服务均等化的理论基础 [J]. 天津行政学院学报, 2010, 12（4）: 57–65.

[31] 刘云凤. 近代以来西方公平思想在中国的传播及影响 [D]. 扬州: 扬州大学, 2017.

[32] 唐美丽, 沈婷. 空间正义的四重理论特质及其当代启示 [J]. 江苏行政学院学报, 2019（1）: 91–96.

[33] 曹现强, 张福磊. 空间正义: 形成、内涵及意义 [J]. 城市发展研究, 2011, 18（4）: 125–129.

[34] 任平. 空间的正义: 当代中国可持续城市化的基本走向 [J]. 城市发展研究, 2006（5）: 1–4.

[35] 王志刚. 论社会主义空间正义的基本架构——基于主体性视角 [J]. 江西社会科学, 2012, 32（5）: 36–40.

[36] 赵静华. 空间正义视角下城乡不平衡发展的治理路径 [J]. 理论学刊, 2018（6）: 124–130.

[37] 朱贻庭. 伦理学大辞典 [M]. 上海: 上海辞书出版社, 2011.

[38] EGOZ S, DE NARDI A. Defining landscape justice: the role of landscape in supporting wellbeing of migrants, a literature review[J]. Landscape Research, 2017, 42（sup1）: S74–S89.

[39] UNESCO. Florence Declaration on Landscape[R]. 2012.

[40] 张序. 公共服务供给的理论基础: 体系梳理与框架构建 [J]. 四川大学学报（哲学社会科学版）, 2015（4）: 135–140.

[41] 郁建兴, 吴玉霞. 公共服务供给机制创新: 一个新的分析框架 [J]. 学术月刊, 2009, 41（12）:

12–18.

[42] LUCY W. Equity and planning for local services [J]. Journal of the American Planning Association，1981，4（47）：447–457.

[43] TRUELOVE M. Measurement of spatical equity [J]. Environment and Planning C，1993，11（1）：19–34.

[44] NICHOLLS S. Measuring the accessibiity and equity of public parks：a case study using GIS[J]. Managing Leisure，2001，4（6）：20–21.

[45] SMITH D M. Geography and Social Justice[M]. Oxford：Blackwell Publishers，1994.

[46] 江海燕，周春山，高军波. 西方城市公共服务空间分布的公平性研究进展 [J]. 城市规划，2011（7）：72–77.

[47] WOLCH J，WILSON J P，FEHRENBACH J. Parks and park funding in Los Angeles：an equity–mapping analysis[J]. Urban Geography，2005，26（1）：4–35.

[48] JASON B，JENNIFER W. Nature，race，and parks：past research and future directions for geographic research[J]. Progress In Human Geography，2009，33（6）：743–765.

[49] ESTABROOKS P A，LEE R E，GYURCSIK N C. Resources for physical activity participation：does availability and accessibility differ by neighborhood socioeconomic status?[J]. Annals of Behavioral Medicine，2003，2（25）：100–104.

[50] BRUTON C M，FLOYD M F. Disparities in built and natural features of urban parks：comparisons by neighborhood level race/ethnicity and income[J]. Journal of Urban Health，2014，91（5）：894–907.

[51] SISTER C，WOLCH J，WILSON J. Got green? addressing environmental justice in park provision[J]. GeoJournal，2010，75（3）：229–248.

[52] MIYAKE K K，MAROKO A R，GRADY K L，et al. Not just a walk in the park：methodological improvements for determining environmental justice implications of park access in New York City for the promotion of physical activity[J]. Cities & the Environment，2010，1（3）：1–17.

[53] VAUGHAN K B，KACZYNSKI A T，WILHELM S S A，et al. Exploring the distribution of park availability, features，and quality across Kansas city，Missouri by income and race/ethnicity：an environmental justice investigation[J]. Annals of Behavioral Medicine，2013，45（S1）：28–38.

[54] LARA–VALENCIA F，GARCIA–PEREZ H. Space for equity：socioeconomic variations in the provision of public parks in Hermosillo，Mexico[J]. Local Environment，2015，20（3）：350–368.

[55] ZHANG X Y，LU H，HOLT J M. Modeling spatial accessibility to parks：a national study[J]. International Journal of Health Geographics，2011，31.

[56] GILES–CORTI B，BROOMHALL M H，KNUIMAN M，et al. Increasing walking：how important is distance to，attractiveness，and size of public open space?[J]. American Journal of Preventive Medicine，2005，28（2）：169–176.

[57] NEUTENS T, SCHWANEN T, WITLOX F, et al. Evaluating the temporal organization of public service provision using space–time accessibility analysis[J]. Urban Geography, 2013, 31（8）: 1039–1064.

[58] WANG D, BROWN G, ZHONG G P, et al. Factors influencing perceived access to urban parks: a comparative study of Brisbane（Australia）and Zhongshan（China）[J]. Habitat International, 2015, 50: 335–346.

[59] HÄGERSTRAND T. What about people in regional science?[J]. Papers of the Regional Science Association, 1970, 1（24）: 7–21.

[60] WEBER J, KWAN M P. Bringing time back in: a study on the influence of travel time variations and facility opening hours on individual accessibility[J]. Professional Geographer, 2002, 2（54）: 226–240.

[61] ROSERO–BIXBY L. Spatial access to health care in Costa Rica and its equity: a GIS–based study[J]. Social Science and Medicine, 2004, 7（58）: 1271–1284.

[62] COOMBES E, JONES A P, HILLSDON M. The relationship of physical activity and overweight to objectively measured green space accessibility and use[J]. Social Science & Medicine, 2010, 70（6）: 816–822.

[63] 湛东升, 张文忠, 谌丽, 等. 城市公共服务设施配置研究进展及趋向 [J]. 地理科学进展, 2019（4）: 506–519.

[64] JONES B D, KAUFMAN C. The distribution of urban public services: a preliminary model[J]. Administration & Society, 1974, 3（6）: 337–360.

[65] KUNZAMANN K R. Planning for spatial equity in Eourpe[J]. International Planning Studies, 1998, 1（3）: 101–120.

[66] TALEN E, ANSELIN L. Assessing spatial equity: an evaluation of measures of accessibility to public playgrounds[J]. Environment and Planning A, 1998, 30（4）: 595–613.

[67] 大卫·哈维. 希望的空间 [M]. 南京: 南京大学出版社, 2005.

[68] CARLSON S A, BROOKS J D, BROWN D R, et al. Racial/Ethnic differences in perceived access, environmental barriers to use, and use of community parks[J]. Preventing Chronic Disease, 2010, 7: A493.

[69] BARBOSA O, TRATALOS J A, ARMSWORTH P R, et al. Who benefits from access to green space? a case study from Sheffield, UK[J]. Landscape and Urban Planning, 2007, 83（2–3）: 187–195.

[70] STRIFE S, DOWNEY L. Childhood development and access to nature: a new direction for environmental inequality research[J]. Organization & Environment, 2009, 22（1）: 99–122.

[71] REYES M, PÁEZ A, MORENCY C. Walking accessibility to urban parks by children: a case study of Montreal[J]. Landscape and Urban Planning, 2014, 125: 38–47.

[72] SEBURANGA J L, KAPLIN B A, ZHANG Q X, et al. Amenity trees and green space structure in urban

settlements of Kigali, Rwanda[J]. Urban Forestry & Urban Greening, 2014, 13（1）: 84-93.

[73] SHAFER C S, LEE B K, TURNER S. A tale of three greenway trails: user perceptions related to quality of life[J]. Landscape and Urban Planning, 2000, 49（3）: 163-178.

[74] QURESHI S, BREUSTE J H, JIM C Y. Differential community and the perception of urban green spaces and their contents in the megacity of Karachi, Pakistan[J]. Urban Ecosystems, 2013, 16（4）: 853-870.

[75] LI H B, LIU Y L. Neighborhood socioeconomic disadvantage and urban public green spaces availability: a localized modeling approach to inform land use policy[J]. Land Use Policy, 2016, 57: 470-478.

[76] KABISCH N, HAASE D. Green justice or just green? Provision of urban green spaces in Berlin, Germany[J]. Landscape and Urban Planning, 2014, 122: 129-139.

[77] SCHIPPERIJN J, EKHOLM O, STIGSDOTTER U K, et al. Factors influencing the use of green space: results from a Danish national representative survey[J]. Landscape and Urban Planning, 2010, 95（3）: 130-137.

[78] IBES D C. A multi-dimensional classification and equity analysis of an urban park system: a novel methodology and case study application[J]. Landscape and Urban Planning, 2015, 137: 122-137.

[79] RIGOLON A. A complex landscape of inequity in access to urban parks: a literature review [J]. Landscape and Urban Planning, 2016, 153: 160-169.

[80] ADINOLFI C, SUÁREZ-CÁCERES G P, CARIÑANOS P. Relation between visitors' behaviour and characteristics of green spaces in the city of Granada, south-eastern Spain[J]. URBAN FORESTRY & URBAN GREENING, 2014, 13（3）: 534-542.

[81] BAI H, STANIS S A W, KACZYNSKI A T, et al. Perceptions of neighborhood park quality: associations with physical activity and body mass index[J]. Annals of Behavioral Medicine, 2013, 45（S1）: 39-48.

[82] AKPINAR A. How is quality of urban green spaces associated with physical activity and health?[J]. Urban Forestry & Urban Greening, 2016, 16: 76-83.

[83] TURRELL G, HAYNES M, BURTON N W, et al. Neighborhood disadvantage and physical activity: baseline results from the HABITAT multilevel longitudinal study[J]. Ann Epidemiol, 2010, 20（3）: 171-181.

[84] THOMPSON C W, ROE J, ASPINALL P, et al. More green space is linked to less stress in deprived communities: evidence from salivary cortisol patterns[J]. Landscape and Urban Planning, 2012, 105（3）: 221-229.

[85] Timperio A, Ball K, Salmon J, et al. Is availability of public open space equitable across areas?[J]. Health & Place, 2007, 13（2）: 335-340.

[86] LEE C, KIM H J, DOWDY D M, et al. School audit instrument: assessing safety and walkability of school environments[J]. Journal of Physical Activity and Health, 2011, 1（8）: 1-147.

[87] SAELENS B E，FRANK L. Measuring physical Environments of parks and playgrounds：EAPRS instrument development and inter-rater reliability[J]. Journal of Physical Activity and Health，2006，1（3）：190-207.

[88] BROOMHALL M，GILES-CORTI B，LANGE A. Quality of Public Open Space Tool（POST）[R]. 2004.

[89] ALESSANDRO R. Parks and young people：an environmental justice study of park proximity，acreage，and quality in Denver，Colorado[J]. Landscape and Urban Planning，2017，165：73-83.

[90] CRAWFORD D，TIMPERIO A，GILES-CORTI B，et al. Do features of public open spaces vary according to neighbourhood socio-economic status?[J]. Health & Place，2008，14（4）：889-893.

[91] EDWARDS N，HOOPER P，TRAPP G S A，et al. Development of a public open space desktop auditing tool（POSDAT）：a remote sensing approach[J]. Applied Geography，2013，38：22-30.

[92] YAO L，LIU J R，WANG R S，et al. Effective green equivalent：A measure of public green spaces for cities[J]. Ecological Indicators，2014，47：123-127.

[93] YOU H Y. Characterizing the inequalities in urban public green space provision in Shenzhen，China[J]. HABITAT INTERNATIONAL，2016，56：176-180.

[94] YANG X，YI L，YAN G，et al. Estimating the willingness to pay for green space services in Shanghai：Implications for social equity in urban China[J]. Urban Forestry & Urban Greening，2017，26：95-103.

[95] WEI F. Greener urbanization? Changing accessibility to parks in China[J]. LANDSCAPE AND URBAN PLANNING，2017，157：542-552.

[96] XU M Y，XIN J，SU S L，et al. Social inequalities of park accessibility in Shenzhen，China：the role of park quality，transport modes，and hierarchical socioeconomic characteristics[J]. Journal of Transport Geography，2017，62：38-50.

[97] 江海燕，周春山，肖荣波. 广州公园绿地的空间差异及社会公平研究 [J]. 城市规划，2010（4）：43-48.

[98] 唐子来，顾姝. 再议上海市中心城区公共绿地分布的社会绩效评价：从社会公平到社会正义 [J]. 城市规划学刊，2016（1）：15-21.

[99] 陈秋晓，侯焱，吴霜. 机会公平视角下绍兴城市公园绿地可达性评价 [J]. 地理科学，2016（3）：375-383.

[100] 桂昆鹏，徐建刚，张翔. 基于供需分析的城市绿地空间布局优化——以南京市为例 [J]. 应用生态学报，2013（5）：1215-1223.

[101] 凌自苇，曾辉. 不同级别居住区的公园可达性——以深圳市宝安区为例 [J]. 中国园林，2014（8）：59-62.

[102] 许基伟，方世明，刘春燕. 基于 G2SFCA 的武汉市中心城区公园绿地空间公平性分析 [J]. 资源科学，2017（3）：430-440.

[103] 吴健生，司梦林，李卫锋. 供需平衡视角下的城市公园绿地空间公平性分析：以深圳市福田区为例

[J]. 应用生态学报，2016（9）：2831–2838.

[104] 李方正，郭轩佑，陆叶，等．环境公平视角下的社区绿道规划方法：基于 POI 大数据的实证研究 [J].
中国园林，2017（9）：72–77.

[105] 王烨，戴斯琪，牛强．基于位置大数据的公园绿地空间分布绩效评价——以武汉市大型公园绿地为
例 [C]// 中国城市规划学会．持续发展 理性规划——2017 中国城市规划年会论文集（5 城市规划新
技术应用），2017：1–11.

[106] 杨晓春，周晓露，万超．城市公共开放空间可达性综合评价的研究框架 [C]// 中国城市规划学会．城
市时代，协同规划——2013 中国城市规划年会论文集（2 城市设计与详细规划），2013：1–12.

[107] 张文佳，柴彦威，申悦．基于活动 – 移动时空可达性的城市社会公平研究 [C]// 中国地理学会 2009
百年庆典学术论文集，2009：172–173.

[108] 宁艳，胡汉林．城市居民行为模式与城市绿地结构 [J]. 中国园林，2006，22（10）：51–53.

[109] 李方正，董莎莎，李雄，等．北京市中心城绿地使用空间分布研究：基于大数据的实证分析 [J]. 中
国园林，2016（9）：122–128.

[110] 殷新，李鹏宇．城市社区公园活力营造与环境行为研究：以南京市南湖公园为例 [J]. 江苏建筑，
2016（4）：1–4.

[111] 杨硕冰，于冰沁，谢长坤，等．人群职业分异对社区公园游憩需求的影响分析 [J]. 中国园林，2015（1）：
101–105.

[112] 姚雪松，冷红，魏冶，等．基于老年人活动需求的城市公园供给评价：以长春市主城区为例 [J]. 经
济地理，2015（11）：218–224.

[113] 马淇蔚，李咏华，范雪怡．老龄社会视角下的绿地空间可达性研究：以杭州市为例 [J]. 经济地理，
2016（2）：95–101.

[114] 毛小岗，宋金平，冯徽徽，等．基于结构方程模型的城市公园居民游憩满意度 [J]. 地理研究，2013（1）：
166–178.

[115] 魏伟，周婕，罗玛诗艺．"城市人"视角下社区公园满意度分析及规划策略：以武汉市武昌区中南
路街道为例 [J]. 城市规划，2018，42（12）：55–66.

[116] 江海燕，肖荣波，周春山．广州中心城区公园绿地消费的社会分异特征及供给对策 [J]. 规划师，
2010（2）：66–72.

[117] 周春山，江海燕，高军波．城市公共服务社会空间分异的形成机制：以广州市公园为例 [J]. 城市规划，
2013（10）：84–89.

[118] 李永雄．城市公园环境质量评价方法和评价指标构筑的探析 [J]. 中国园林，2013，29（4）：63–66.

[119] 邢旸，赵一霖．一种以人为本的城市绿地评价方法及其应用：以南京市城市绿地质量评价为例 [J]. 环
境保护科学，2015（3）：149–152.

[120] 尹海伟，徐建刚．上海公园空间可达性与公平性分析 [J]. 城市发展研究，2009，16（6）：71–76.

[121] 陈雯，王远飞．城市公园区位分配公平性评价研究：以上海市外环线以内区域为例 [J]．安徽师范大学学报：自然科学版，2009，32（4）：373–377.

[122] 唐子来，顾姝．上海市中心城区公共绿地分布的社会绩效评价：从地域公平到社会公平 [J]．城市规划学刊，2015（2）：48–56.

[123] KABISCH N, STROHBACH M, HAASE D, et al. Urban green space availability in European cities[J]. Ecological Indicators, 2016, 70: 586–596.

[124] 任政．空间生产的正义逻辑：一种正义重构与空间生产批判的视域 [D]．苏州：苏州大学，2014.

[125] 华苗．城市空间正义研究综述 [J]．丽水学院学报，2014（4）：50–55.

[126] 周蜀秦．西方城市社会学研究的范式演进 [J]．南京师大学报（社会科学版），2010（6）：38–44.

[127] 何雪松．空间、权力与知识：福柯的地理学转向 [J]．学海，2005（6）：44–48.

[128] 杨芬，丁杨．亨利·列斐伏尔的空间生产思想探究 [J]．西南民族大学学报（人文社科版），2016，37（10）：183–187.

[129] 聂鑫琳．论列斐伏尔的空间社会性思想 [J]．西南科技大学学报（哲学社会科学版），2017，34（4）：18–24.

[130] 包亚明．现代性与空间的生产 [M]．上海：上海教育出版社，2003.

[131] 王欢，李强．空间、空间正义与城市权利 [J]．商业时代，2014（31）：30–31.

[132] 哈维．正义、自然和差异地理学 [M]．胡大平译．上海：上海人民出版社，2015.

[133] 王蒙．爱德华·苏贾社会—空间辩证法的哲学批判 [D]．苏州：苏州大学，2011.

[134] 李秀玲．空间正义理论的基础与建构——试析爱德华·索亚的空间正义思想 [J]．马克思主义与现实，2014（3）：75–81.

[135] 高春花．居住空间正义缺失的表现、原因及解决路径——以爱德华·苏贾为例 [J]．伦理学研究，2015（1）：113–117.

[136] 苏贾．寻求空间正义 [M]．高春花，强乃社，陈伟功，译．北京：社会科学文献出版社，2016.

[137] 杨上广，王春兰．国外城市社会空间演变的动力机制研究综述及政策启示 [J]．国际城市规划，2007（2）：42–50.

[138] 徐昀，朱喜钢，李唯．西方城市社会空间结构研究回顾及进展 [J]．地理科学进展，2009（1）：93–102.

[139] 孙斌栋，魏旭红，王婷．洛杉矶学派及其对人文地理学的影响 [J]．地理科学，2015（4）：402–409.

[140] 茹伊丽，李莉，李贵才．空间正义观下的杭州公租房居住空间优化研究 [J]．城市发展研究，2016（4）：107–117.

[141] 徐菊芬，黄春晓．空间正义视角下中国城镇住房调控实施的批判与反思 [J]．现代城市研究，2016（10）：121–126.

[142] 邓智团．空间正义、社区赋权与城市更新范式的社会形塑 [J]．城市发展研究，2015（8）：61–66.

[143] 李昊. 公共性的旁落与唤醒——基于空间正义的内城街道社区更新治理价值范式 [J]. 规划师, 2018, 34（2）: 25–30.

[144] 曹现强, 张福磊. 我国城市空间正义缺失的逻辑及其矫治 [J]. 城市发展研究, 2012（3）: 129–133.

[145] 刘昆. 社会与空间正义视角下城市环境跃迁问题探究 [J]. 城市规划, 2017, 41（11）: 65–71.

[146] 陆小成. 空间正义视域下新型城镇化的资源配置研究 [J]. 社会主义研究, 2017（1）: 120–128.

[147] 叶超. 社会空间辩证法的由来 [J]. 自然辩证法研究, 2012, 28（2）: 56–60.

[148] 刘佳燕. 规划公正: 社会学视角下的城市规划 [J]. 规划师, 2008（9）: 5–9.

[149] 王志刚. 社会主义空间正义论 [M]. 北京: 人民出版社, 2015.

[150] 上官燕. 空间正义与城市规划 [M]. 北京: 中国社会科学出版社, 2017.

[151] 刘竹, 柯君. 试论 19 世纪英国城市公园的兴起成因 [J]. 国际城市规划, 2017（1）: 105–109.

[152] 王行坤. 公园、公地与共同性 [J]. 新美术, 2016, 37（2）: 106–112.

[153] 福柯. 什么是批判: 福柯文选 Ⅱ [M]. 北京: 北京大学出版社, 2016.

[154] 周晓东. 略论中国近代公园的政治功用 [J]. 大庆师范学院学报, 2006（4）: 99–101.

[155] 王旭, 万艳华. 人文主义的回归: 西方城市公共空间特性演变探究 [J]. 城市发展研究, 2012, 19（8）: 70–75.

[156] CLARK P. European cities and towns: 400–2000[M]. Oxford: Oxford University Press, 2009.

[157] 石桂芳. 民国前期的公园政治化: 以北京公园为例 [J]. 社会科学战线, 2016（9）: 260–263.

[158] 陈蕴茜. 空间重组与孙中山崇拜: 以民国时期中山公园为中心的考察 [J]. 史林, 2006（1）: 1–18.

[159] 上官燕, 王彦军, 姚云帆, 等. 空间正义与城市规划 [M]. 北京: 中国社会科学出版社, 2017.

[160] 吴国柄. 江山万里行（六）——游学归国后的工作与生活 [J]. 1979, 26（1）: 123.

[161] 张天洁, 李泽. 从传统私家园林到近代城市公园: 汉口中山公园（1928 年—1938 年）[J]. 华中建筑, 2006（10）: 177–181.

[162] 戴海斌. 中央公园与民初北京社会 [J]. 北京社会科学, 2005（2）: 45–53.

[163] 曹康, 董文丽. 国家公园和城市公园的现代协奏曲: 评《公园景观: 现代日本的绿色空间》[J]. 国际城市规划, 2017（4）: 127–132.

[164] 徐苗, 杨震. 超级街区 + 门禁社区: 城市公共空间的死亡 [J]. 建筑学报, 2010（3）: 12–15.

[165] 马聪玲. 从世界主要城市公园看城市公共休闲空间的形成与演变 [J]. 城市, 2015（3）: 53–56.

[166] 缪朴, 司玲, 司然. 亚太城市的公共空间: 当前的问题与对策 [M]. 北京: 中国建筑工业出版社, 2007.

[167] 陈吉学. 新时期我国社会弱势群体问题研究 [D]. 南京: 南京大学, 2013.

[168] 林瑛, 周栋. 儿童友好型城市开放空间规划与设计: 国外儿童友好型城市开放空间的启示 [J]. 现代城市研究, 2014, 29（11）: 36–41.

[169] 陆非文. 上海少年儿童闲暇生活状况调查及思考 [J]. 上海青年管理干部学院学报, 2010（2）: 42–

44.

[170] 陈映芳，等.都市大开发：空间生产的政治社会学 [M].上海：上海古籍出版社，2009：6.

[171] 宋立新，周春山.西方城市公共空间价值问题研究进展 [J].现代城市研究，2010，25（12）：90-96.

[172] 陈春娣，荣冰凌，邓红兵.欧盟国家城市绿色空间综合评价体系 [J].中国园林，2009，25（3）：66-69.

[173] 周聪惠.公园绿地绩效的概念内涵及评测方法体系研究 [J].国际城市规划，2019：1-12.

[174] 南楠，李雄.再议《城市绿线管理办法》：对城市绿线管理制度的几点思考 [J].中国园林，2016（9）：98-102.

[175] 林广思，杨锐.我国城乡园林绿化法规分析 [J].中国园林，2010，26（12）：29-32.

[176] 陈锦富，莫文竞."守不住"的公园：由 Z 公园改造项目引发的划拨用地规划管理思考 [J].城市规划，2017（1）：104-108.

[177] 翟宇佳.城市绿地系统指标体系研究 [J].中国城市林业，2014（2）：1-4.

[178] 骆天庆.美国城市公园的建设管理与发展启示——以洛杉矶市为例 [J].中国园林，2013（7）：67-71.

[179] 杜伊，金云峰."底限控制"到"精细化"——美国公共开放空间规划的代表性方法、演变背景与特征研究 [J].国际城市规划，2018（3）：92-97.

[180] 方家，吴承照.美国城市开放空间规划的内容和案例解析 [J].城市规划，2015（5）：76-82.

[181] 董楠楠，王美绮，罗琳琳.基于高密度城市背景下青少年游憩需求的公园绿地规划研究 [J].华中建筑，2016（5）：52-56.

[182] 韩朋序，戴金.国际化先进城市最新发展规划研究及城市发展指标体系构建：以纽约、伦敦、新加坡、香港、上海为例 [C]// 中国城市规划学会.共享与品质：2018 中国城市规划年会论文集.北京：中国建筑工业出版社，2018.

[183] 骆天庆，李维敏，凯伦·C.汉娜.美国社区公园的游憩设施和服务建设——以洛杉矶市为例 [J].中国园林，2015（8）：34-39.

[184] 赖秋红.浅析美国袖珍公园典型代表——佩雷公园 [J].广东园林，2011（3）：40-43.

[185] 李敏.社区公园规划设计与建设管理——以深圳、香港和新加坡为例 [M].北京：中国建筑工业出版社，2011.

[186] 张威，刘佳燕，王才强.新加坡社区服务设施体系规划的演进历程、特征及启示 [J].规划师，2019，35（3）：18-25.

[187] 陈静媛，周龙.公共健康视角下的新加坡新镇规划特征探析 [C]// 中国城市规划学会.共享与品质：2018 中国城市规划年会论文集.北京：中国建筑工业出版社，2018.

[188] 林立伟，沈山，江国逊.中国城市规划实施评估研究进展 [J].规划师，2010，26（3）：14-18.

[189] 江俊浩.城市公园系统研究 [D].成都：西南交通大学，2008.

[190] 赵民，林华.居住区公共服务设施配建指标体系研究 [J]. 城市规划，2002（12）：72-75.

[191] 高军波，苏华.西方城市公共服务设施供给研究进展及对我国启示 [J]. 热带地理，2010（1）：8-12.

[192] 罗尔斯.政治自由主义 [M]. 万俊人译.南京：译林出版社，2011.

[193] CRAWFORD D，TIMPERIO A，GILES-CORTI B，et al. Do features of public open spaces vary according to neighbourhood socio-economic status?[J]. Health & Place，2008，14（4）：889-893.

[194] 姚洋.自由、公正和制度变迁 [M]. 郑州：河南人民出版社，2002.

[195] 王志刚.空间正义：从宏观结构到日常生活——兼论社会主义空间正义的主体性建构 [J]. 探索，2013（5）：182-186.

[196] XIAO Y，WANG D，FANG J. Exploring the disparities in park access through mobile phone data：evidence from Shanghai，China[J]. Landscape and Urban Planning，2019，181：80-91.

[197] 张超.山地城市公园绿地可达性研究 [D]. 重庆：重庆大学，2016.

[198] 袁媛，吴缚龙.基于剥夺理论的城市社会空间评价与应用 [J]. 城市规划学刊，2010（1）：71-77.

[199] 袁媛，吴缚龙，许学强.转型期中国城市贫困和剥夺的空间模式 [J]. 地理学报，2009（6）：753-763.

[200] JONES-WEBB R，WALL M. Neighborhood racial/ethnic concentration，social disadvantage，and homicide risk：an ecological analysis of 10 U. S. cities[J]. Urban Health，2008，85（5）：662-676.

[201] Grow H M G，Cook A J，Arterburn D E，et al. Child obesity associated with social disadvantage of children's neighborhoods[J]. Social Science & Medicine，2010，71（3）：584-591.

[202] WENG M. PI J H，TAN B Q，et al. Area deprivation and liver cancer prevalence in Shenzhen China：a spatial approach based on social indicators[J]. Social Indicators Research，2017，133（1）.

[203] Su S L，Gong Y，Tan B Q，et al. Area social deprivation and public health：analyzingthe spatial non-stationary associations using geographically weighed regression[J]. Social Indicators Research，2017，133：819-832.

[204] Roe J，Thompson C W，Aspinall P A，et al. Green space and stress：evidence from cortisol measures in deprived urban communities[J]. International Journal of Environmental Research and Public Health，2013，10（9）：4086-4103.

[205] BAKAR N A，MALEK N A，MANSOR M. Access to parks and recreational opportunities in urban low-income neighbourhood[J]. Procedia-Social and Behavioral Sciences，2016，234：299-308.

[206] WEN M，ZHANG X Y，HARRIS C D，et al. Spatial disparities in the distribution of parks and green spaces in the USA[J]. Annals of Behavioral Medicine，2013，45（S1）：18-27.

[207] RIGOLON A，TRAVIS F. Access to parks for youth as an environmental justice issue：access inequalities and possible solutions[J]. Buildings，2014，4（2）：69-94.

[208] Jenkins G R，Yuen H K，Rose E J，et al. Disparities in quality of park play spaces between two cities

with diverse income and race/ethnicity composition：a pilot study[J]. International Journal of Environmental Research and Public Health，2015，12（7）：8009–8022.

[209] 钮心毅，陈晨 . 郊区城镇基本公共服务空间均等和公正的测度 [J]. 城市规划，2018，42（10）：42–50.

[210] 王兰，周楷宸 . 健康公平视角下社区体育设施分布绩效评价——以上海市中心城区为例 [J]. 西部人居环境学刊，2019，34（2）：1–7.

[211] 孟安燃 . 重庆主城区山地综合性公园主要技术指标探究 [D]. 重庆：西南大学，2014.

[212] 夏明明 . 以"主动式健康"为导向的山地城市公共空间尺度和形态研究—以重庆市渝中区城市公园为例 [J]. 住区，2018（1）：121–126.

[213] 佘娇 . 重庆市主城区社会空间结构及其演化研究 [D]. 重庆：重庆大学，2014.

[214] 把创造优良人居环境作为中心目标 [EB/OL].（2019–03–12）. http：//www.chinanews.com/gn/2015/12-22/7683124.shtml.

[215] 杜英歌 . 中国语境下的基层社区治理：赋权与增能 [J]. 公共管理与政策评论，2018，7（1）：28–37.

[216] DAHL R A. The City in the Future of Democracy[J]. The American Political Science Review 1967，61（4）：953–970.